『气候变化影响与应对』丛书

总策划 郭志武

主编 袁佳双

气候变化与建筑节能

袁佳双 主编

图书在版编目（CIP）数据

气候变化与建筑节能 / 袁佳双主编. -- 北京 : 气象出版社, 2025. 1. -- (“气候变化影响与应对”丛书). -- ISBN 978-7-5029-8361-1

Ⅰ. P467; TU111.4

中国国家版本馆 CIP 数据核字第 20241J6Y92 号

Qihou Bianhua yu Jianzhu Jieneng

气候变化与建筑节能

袁佳双 主编

出版发行：气象出版社

地　　址：北京市海淀区中关村南大街46号　　邮政编码：100081

电　　话：010-68407112（总编室）　010-68408042（发行部）

网　　址：http://www.qxcbs.com　　E-mail：qxcbs@cma.gov.cn

策划编辑：郭志武

责任编辑：颜娇珑　　终　　审：张　斌

责任校对：张硕杰　　责任技编：赵相宁

设　　计：北京追韵文化发展有限公司　　插图绘制：陈山杉、夏午茶工作室

印　　刷：北京地大彩印有限公司

开　　本：710 mm × 1000 mm 1/16　　印　　张：14.25

字　　数：186千字

版　　次：2025年1月第1版　　印　　次：2025年1月第1次印刷

定　　价：88.00元

“气候变化影响与应对”丛书编委会

《气候变化与建筑节能》编委会

主　　编： 袁佳双

副 主 编： 倪江波　韩振宇　李明财

其他撰稿人： 沈鹏柯　吴景山　徐　源　曹经福　孟凡超

谢骆乐　史　珺　付　宇　张天宇　夏茂钟

李瑜洁　常　峥　王　野　荣雅静　杜博轩

丛书序

气候变化前所未有，人类活动毋庸置疑造成了大气、海洋和陆地变暖。世界经济论坛发布的《2023 年全球风险报告》将气候变化减缓行动失败、气候变化适应行动失败、自然灾害和极端天气事件列为最重要的三个未来十年全球风险。国际社会已深刻认识到应对气候变化是当前全球面临的最严峻挑战，采取积极措施应对气候变化已成为各国的共同意愿和紧迫需求。

我国天气气候复杂多变，平均温升水平高于全球平均水平，是全球气候变化的敏感区。气候变化导致极端天气气候事件趋多趋强，已经对我国自然生态系统和社会经济系统带来严重不利影响。我国水资源安全风险明显上升，陆地生态系统稳定性下降；沿海地区海平面上升趋势高于全球平均水平，海洋和海岸带生态系统受到严重威胁；农业种植方式、作物产量和作物布局改变，农业病虫害加剧；人群气候变化健康风险增加，媒介传播疾病增多，慢性疾病和心理健康疾病风险也在升高；城市交通、建筑、能源等生命线系统的安全运行和人居环境质量受到严重威胁。气候变化还会通过影响敏感第二、三产业，进而引发经济风险。

2020 年 9 月，习近平总书记在第七十五届联合国大会一般性辩论上正式宣布："中国将提高国家自主贡献力度，采取更加有力的政策和措施，二氧化碳排放力争于 2030 年前达到峰值，努力争取 2060 年前实现碳中和。"这是我国基于推动构建人类命运共同体的责任担当和实现可持续发展的内在要求做出的重大战略决策。2021 年陆续发布的《中共中央 国务院关于完整准确全面贯彻新发展理念做好碳达峰碳中和工作的意见》和《2030 年前碳达峰行动方案》共同构成贯穿碳达峰、碳中和两个阶段的顶层设计。这不但展示了我国极力推动全球可持续发展的责任担当，也为全球实现绿色可持续发展提供了切实可行的中国方案。2022 年生态环境部、国家发展和改革委员会、科学技术部等 17 部门联合印发《国家适应气候变化战略 2035》，明确了加强气候变化监测预警和风险管理、提升自然生态和经济社会系统适应气候变化能力等主要任务，提出“编制适应气候变化科普教育系列丛书”的任务要求。

为了更好地提升我国公众对气候变化风险的认知水平，提高社会各界应对气候危机的能力，国家气候中心牵头组织高校科研院所和各行业领域的专家，综合分析评估了气候变化对人群健康、粮食安全、能源安全等不同行业和领域的影响风险和适应措施，归纳梳理了气候变化影响适应的最新研究成果和观点，编撰出版了“气候变化影响与应对”丛书，推进我国适应气候变化领域的能力建设。

在《国家适应气候变化战略 2035》发布实施之后，出版该丛书具有十分重要的意义，对碳中和目标下的防灾减灾救灾、应对气候变化和生态文明建设具有重要参考价值。希望全国的科技工作者携手合作，为实现我国经济社会发展的既定战略目标砥砺奋进、开拓创新，为全人类福祉和中华民族的伟大复兴，做出应有的贡献。

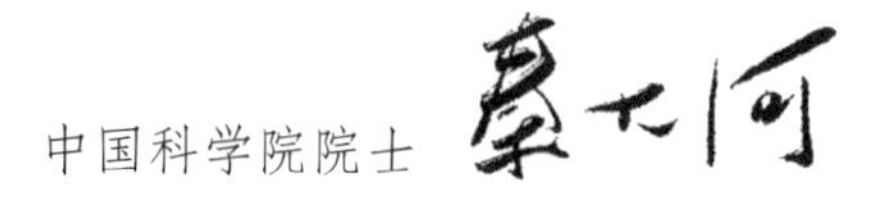

2023 年 11 月

序

21 世纪以来，全球气候变化的范围广、速度快、强度大，数千年未见，全球各地极端天气持续频发，全球变暖趋势日益加剧。最近 50 年是过去 2000 年以来最暖的 50 年，最近 10 年平均温度要比工业化前（1850—1900 年）高 1.09℃。IPCC 第六次评估报告指出，21 世纪末全球表面温度还将升高。随着全球变暖的加剧，水循环显著加强且愈加不稳定，海平面上升速率提升、北极海冰面积不断减少，气候变化导致极端天气气候事件频率增加、强度增强。

建筑既是人类生产生活的重要场所，也为人类的生存发展提供了安全保护。但同时，极端灾害频发对建筑安全以及人类生存环境提出了新的挑战。一方面，极端天气气候事件带来建筑结构和性能破坏的安全风险；另一方面，因应对全球气候变化和极端天气导致建筑能耗不断增长。因此，降低建筑能耗与碳排放、发展绿色建筑新兴技术，已成为世界各国应对气候变化的共识，也是各国建筑行业绿色低碳转型和可持续发展的机遇。欧洲及美国、中国、日本等国家和地区相继提出建筑领域碳减排目标，通过建筑本体节能降碳、用能结构优化、利用可再生能源等多种技术综合应用，加快推进超低能耗建筑、低碳建筑、零碳建筑规模化发展。

中国是全球气候变化的敏感区和影响显著区。中国高度重视应对气候变化，实施一系列应对气候变化战略、措施和行动，参与全球气候治理，坚定走绿色低碳发展道路。十年以来，推动城乡建设和建筑领域绿色低碳发展取得显著成效。然而，中国建筑节能降碳依然任务艰巨，潜力巨大。据《2023 中国建筑与城市基础设施碳排放研究报告》显示，2021 年，中国建筑运行能耗与碳排放较 2020 年明显上升，全国建筑运行能耗为 11.5 亿吨碳当量，同比增长 6.96%；碳排放 23.0 亿吨 CO_2，占全国能源相关碳排放总量的比重为 21.6%，同比增长 6.95%。能耗与碳排放的增长幅度相近。因此，持续提高建筑领域能源利用效率、降低碳排放水平，加快提升建筑领域绿色低碳发展质量势在必行！

为了更好地提升我国公众及社会各界对气候变化与建筑节能的认知水平，提高居民应对气候变化风险的适应能力，国家气候中心牵头天津市气象局、中国建筑节能协会通力合作，组织了一支气候变化和建筑领域的专业团队编写了基础知识科普图书《气候变化与建筑节能》。该书基于国内外最新科学研究进展和国家政策，详细介绍了前所未有的气候变化背景、气候变化对建筑的影响、绿色建筑新技术发展、气候变化与建筑节能案例等内容。希望本书能够为公众和社会各界提升气候与建筑领域认知水平、响应国家建筑节能与绿色新技术发展、加强多学科合作和跨部门协调行动做出积极贡献。

住房和城乡建设部原总工程师 李如生

2024 年 8 月

目录

第四篇 气候变化与建筑节能案例

第一篇

气候变化与建筑碳排放现状

当今全球气候变化前所未有，气候变化征兆愈来愈明显，如 CO_2 浓度增大、海平面上升、北极海冰减少、冰川退缩等。大气圈、水圈、冰冻圈和生物圈发生了广泛而迅速的变化。气候系统各圈层的当前状态是过去几个世纪甚至几千年来前所未有的。毋庸置疑，人类活动影响已促使大气、海洋和陆地变暖。

气候变化对人类及各行业的影响不断增大。适宜的气候是人类宝贵的资源，而恶劣的气候则是人类巨大的灾难。气候变化影响的行业涉及农业、林业、城市规划、人体健康、建筑节能、金融、森林碳汇、粮食安全等诸多方面。其中，气候变化与建筑节能的关联性及交互影响开始备受人类关注。建筑是人类栖息地，为人类生存发展提供保护场所，为生产生活提供物质环境保障。但极端气候频发事件对人类的生活理念以及居住方式提出了重大挑战，并影响着建筑安全，而过度的建筑用能与大量温室气体排放也影响着人类可持续发展。我国建筑行业正在走绿色转型发展道路，必将为减缓气候变化做出潜在的巨大贡献。

本篇主要介绍当前全球气候变化现状、未来风险，以及建筑行业碳排放现状，强调建筑节能迫在眉睫。

第一章 前所未有的气候变化与风险

第一节　气候变化主要特征

气候一词由古希腊语“Klima”演变而来，原意是倾向、趋势，通常定义为某区域包括温度、湿度、风向与风速、气压、降水量、大气成分及众多其他气象要素在较长时期（世界气象组织定义其统计周期为 30 年）的平均状况。气候变化则指天气的长期变化，这一方面是由自然原因导致的，如太阳活动的变化和大型火山爆发；另一方面是自 19 世纪以来，人类活动一直是气候变化的主要原因，特别是煤炭、石油和天然气等化石燃料的燃烧。这是因为化石燃料燃烧会产生温室气体排放，形成“包裹着地球的毯子”，不断捕获太阳热量并使地球温度升高。当代全球变暖速率比任何有记录时期更快，变暖趋势正在改变天气气候模态，进一步破坏自然平衡，给人类与地球上其他生命带来诸多影响及风险。

联合国政府间气候变化专门委员会（Intergovernmental Panel on Climate Change，IPCC）第六次评估报告结果表明，当前的气候变化前所未有（图 1-1）：CO_2 浓度是 200 万年以来最高；海平面上升速率为 3000 年以来最快；北极海冰缩减为 1000 年以来最少量；冰川退缩为 2000 年来最严重。

CO_2 浓度增加

200 万年来最高
1985 年以来每年增加 2ppm（百万分率），2019 年是工业化前的 148%

海平面上升

3000 年来最快
1901—2018 年全球平均海平面上升了 0.20 米

北极海冰减少

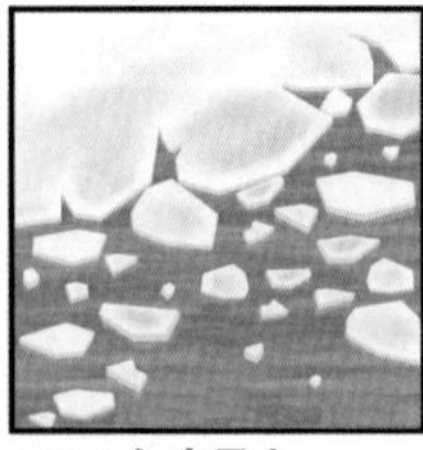

1000 年来最小
1979—2019 年，9 月北极海冰范围平均每 10 年减少 12.9%

冰川退缩

2000 年来最严重
2006—2015 年，全球冰量平均每年损失 2780 亿吨

图 1-1　全球前所未有的气候变化特征

全球温度距平变化显示：1971—2020年是过去2000年以来最暖的50年，也是增温速率最快的50年。2011—2020年平均温度要比工业化前高1.09℃，比末次间冰期（12.5万年前）以来的任何百年尺度上的平均温度都高（图1–2）。

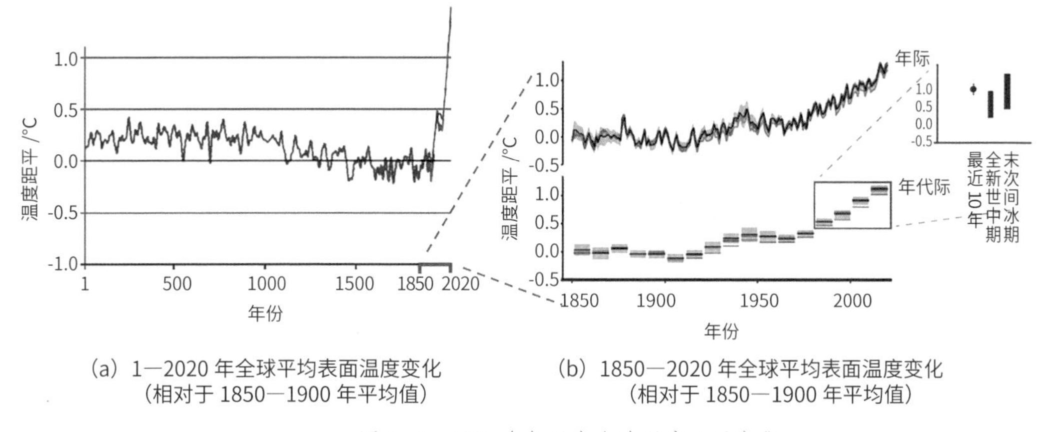

(a) 1—2020年全球平均表面温度变化（相对于1850—1900年平均值）

(b) 1850—2020年全球平均表面温度变化（相对于1850—1900年平均值）

图1–2 2000多年以来全球温度距平变化

全球变暖存在区域差异。相对工业化前，2011—2020年陆地增温幅度（1.59℃）高于海洋（0.88℃）。1981—2020年，陆地升温速率（0.29℃/10年）约是海洋（0.15℃/10年）的2倍；中高纬度增暖比低纬度快，北极是全球变暖最显著的地区，升温速率超过全球平均（0.19℃/10年）的2倍（图1–3）。

全球高温再创新高。世界气象组织（World Meteorological Organization，WMO）发布的《2023年全球气候状况》报告指出，2023年的全球近地表平均温度比工业化前（1850—1900年）的平均水平高1.45±0.12℃，这打破了之前最暖年份的纪录（比1850—1900年平均水平高1.29±0.12℃的2016年和高1.27±0.13℃的2020年）。20世纪80年代以来，每个10年都比前一个10年更暖。多套全球表面温度数

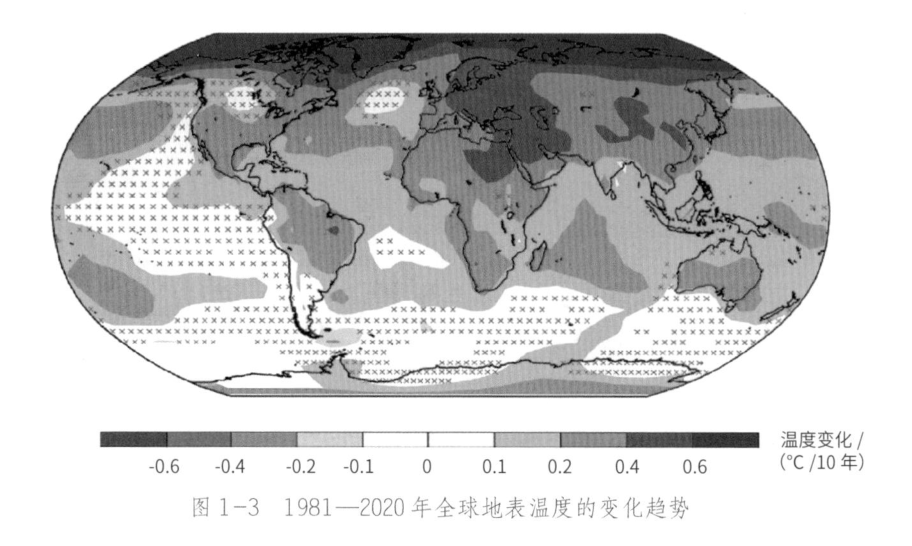

图 1-3 1981—2020 年全球地表温度的变化趋势

据集表明，全球气候变暖趋势仍在持续（图 1-4）。美国国家海洋和大气管理局（National Oceanic and Atmospheric Administration，NOAA）数据显示，若延续当下趋势，到 2100 年，全球温升轨迹将朝着 2.5 ～ 2.9℃的趋势发展。

在中国，2013—2023 年地表平均气温较常年值高出 0.81℃。长序列均一化气温观测资料显示，1901—2023 年，中国地表年平均气温呈显著上升趋势，升温速率为 0.17℃ /10 年，并伴随明显的年代际波动（图 1-5）。1961—2023 年，中国地表年平均气温呈显著上升趋势，升温速率达到 0.30℃ /10 年。2023 年，中国地表年平均气温较常年值偏高 0.84℃，为 1901 年以来的最暖年份。1901 年以来的 10 个最暖年份中，除 1998 年，其余 9 个均出现在 21 世纪。2014—2023 年中国地表平均气温较常年值偏高 0.52℃，较 1961—1990 年平均值高出 1.45℃。

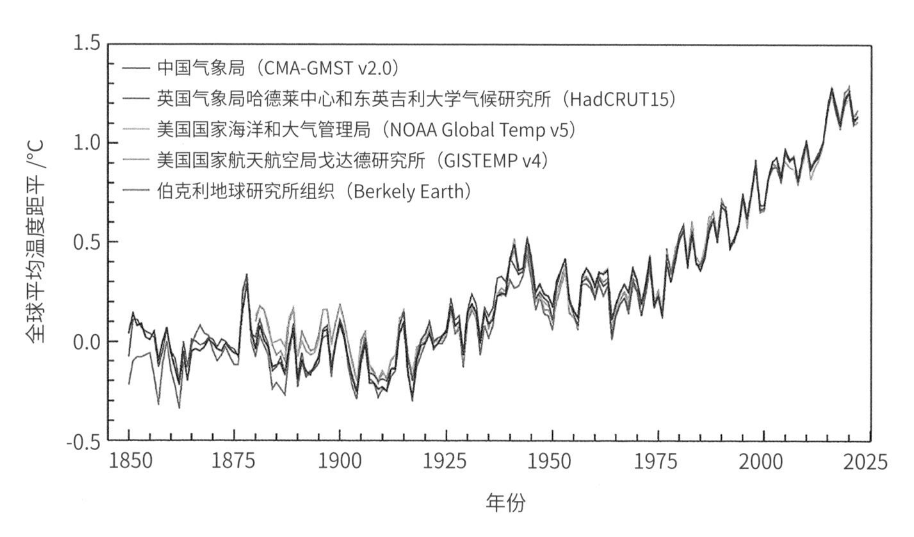

图 1-4　1850—2022 年全球平均温度距平（相对于 1850—1900 年平均值）

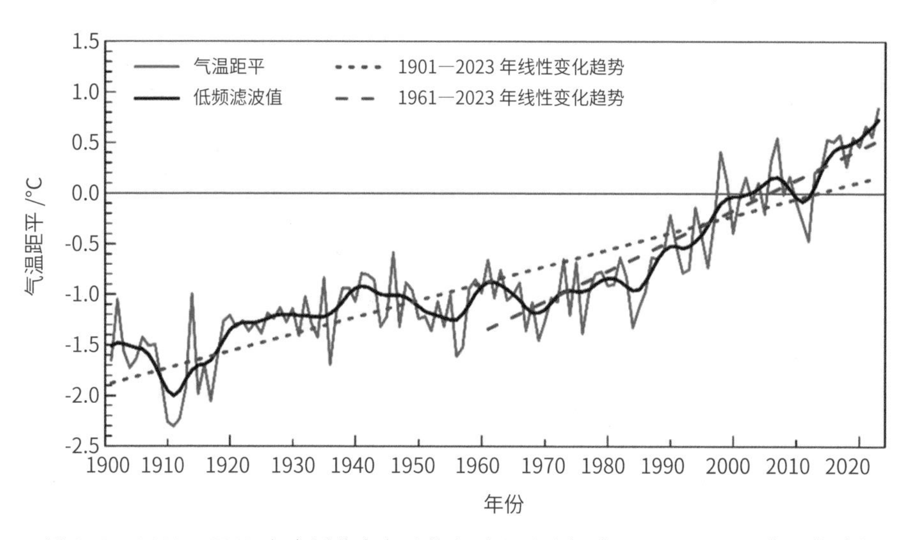

图 1-5　1901—2023 年中国地表年平均气温距平（相对于 1991—2020 年平均值）
（资源来源：《中国气候变化蓝皮书 2024》）

前所未有的气候变化还表现在地面温度以外的其他变量特征中：

（1）全球平均海平面上升、海冰面积萎缩

1993—2023 年，整个海洋变暖速度在加剧，导致海洋体积也在增大。温度上升会导致海平面上升。2023 年，全球平均海平面达到卫星记录（1993 年以来）的最高纪录，反映出海洋持续变暖（热膨胀）以及冰川和冰盖的融化。2014—2023 年全球平均海平面的上升速度是卫星记录头 10 年（1993—2002 年）海平面上升速度的 2 倍多（图 1–6）。

2011—2020 年，北极海冰面积为 1850 年以来最小，当前夏末海冰面积为过去 1000 年以来最小。2023 年，北极海冰面积仍远低于正常水平，

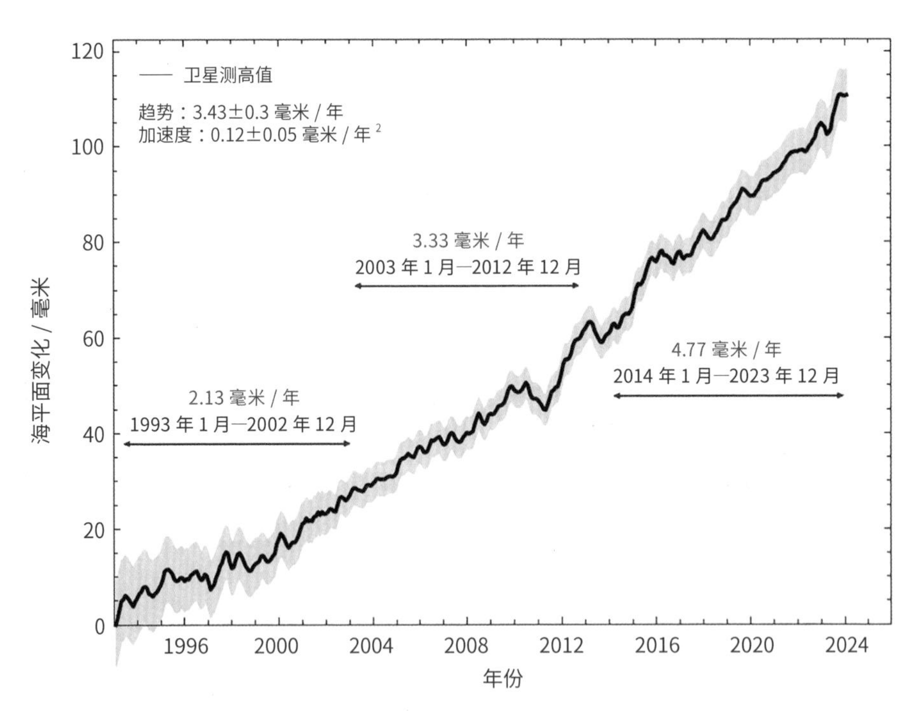

图 1–6 基于卫星测高的 1993 年 1 月至 2023 年 12 月期间全球平均海平面的变化趋势（WMO，2024）

年最大和年最小面积分别是 45 年卫星记录中的第五和第六低值。2023 年 2 月，南极海冰面积达到 1979 年有卫星观测以来的最低纪录。从 6 月到 11 月初，海冰面积一直处于当月最小状态（图 1-7）。

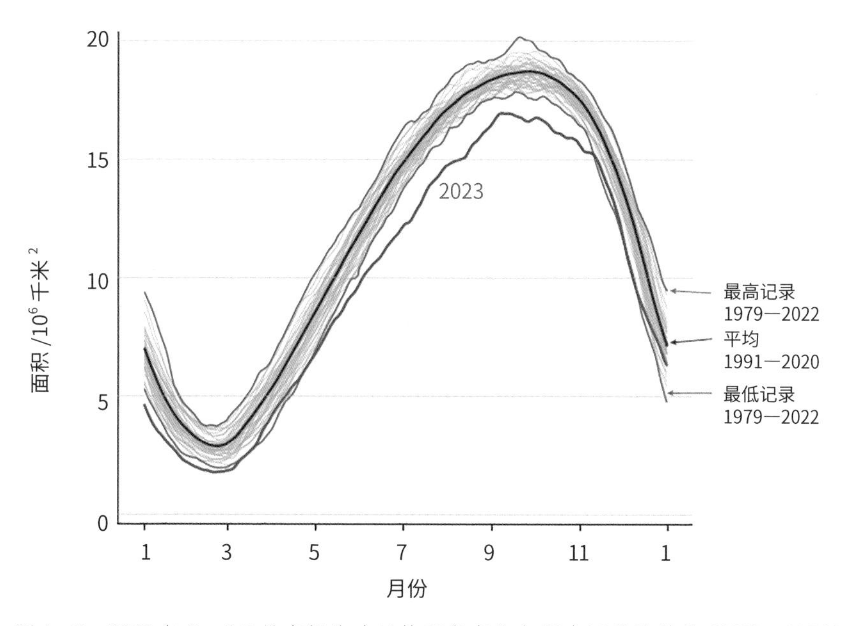

图 1-7　2023 年 1—12 月南极海冰日均面积变化与历史记录的差异（WMO，2024）

（2）极端天气与气候事件频发、强度增大

近几年，全球气候变化背景下，极端高温事件频率增加、强度增强；北美、欧洲、亚洲等地强降水事件的频率和强度都在增大；南美洲东北部以及非洲、地中海等地，农业干旱和生态干旱加剧；热带气旋降水量和降水强度增大；强热带气旋比例和热带气旋最大风速增大；高温干旱、野火、复合洪水等复合极端事件发生概率不断增大。特别是 2023 年，极端天气和气候事件对所有人居大陆产生重要社会经济影响，主要包括重大洪水、热带气旋、极端高温和干旱及相关野火等。

地中海飓风“丹尼尔”带来的极端降水引发了洪水，影响了希腊、保加利亚、土耳其和利比亚等国，2023 年 9 月在利比亚造成的生命损失尤为严重。2023 年，很多国家和地区经历了极端高温事件。南欧和北非受到的影响最为严重，尤其是在 7 月下半月。意大利的气温达到了 48.2℃，突尼斯的气温达到了 49.0℃，摩洛哥达到了 50.4℃，阿尔及利亚达到了 49.2℃（后三地高温均创纪录）。近几年，热带风暴的发生频率和范围也受到了海洋变暖的影响，全球较多区域的毁灭性风暴破坏力变得更大，发生次数更频繁。

飓风

生成于热带或副热带洋面上中心附近最大风力达 12 级或以上的热带气旋。根据中心附近最大风力大小可分为不同级别。根据生成地区的不同，被命以不同的名称。其中，生成于大西洋、墨西哥湾、加勒比海和北太平洋东部的称为飓风；生成于西北太平洋和南海，影响我国的称为台风。

2019 年末，澳大利亚长达数月的山火导致沿海城市被烟雾吞噬，野生动物四散逃窜；2020 年，美国西海岸大火烧毁超过 4.1 万平方千米土地；2022 年，欧洲遭遇 20 年来最严重野火，烧毁西班牙、葡萄牙和罗马尼亚大片地区；2023 年，澳大利亚大火延绵数月，给当地居民带来巨大的经济和环境损失。尽管气候变化对火灾影响并非直接，但气候不断变暖导致土壤、树木中水分降低，特别是在北半球地区。季节性野火越来越多，不仅威胁火场中人的生命，还会迫使周边居民在室外空气质量受影响的情况下躲进室内。只有当建筑拥有高质量的过滤设施和通风系统时，才能使使用者安心地在安全的室内继续工作。

极端事件造成的损失不断增加。1970—2019 年，全球平均每天发生一次极端事件，平均每天造成 115 人死亡、2.02 亿美元的损失；这 50 年里灾害数量增加了 5 倍，损失增加了 7 倍（图 1–8）。

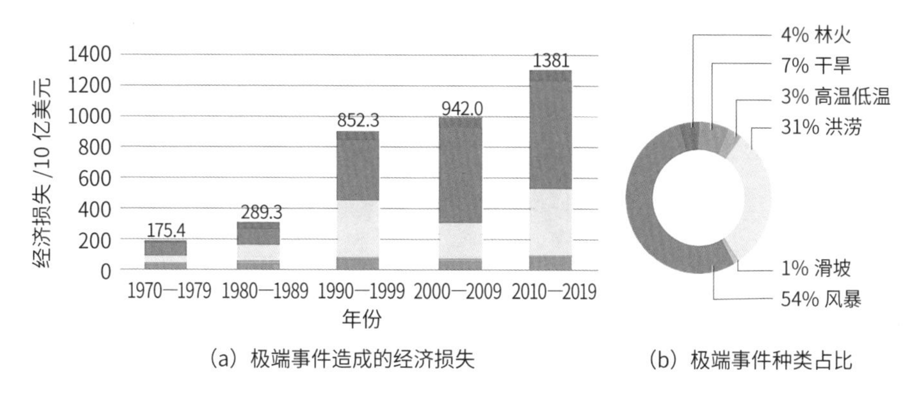

(a) 极端事件造成的经济损失　　(b) 极端事件种类占比

图 1–8　1970—2019 年全球极端事件导致的经济损失统计

（3）干旱不断加剧、增加农业和生态干旱风险

气候变化正在改变水资源可获得性，让更多地区水资源变得稀缺。全球变暖加剧了已缺水地区的缺水状况，还增加农业干旱和生态干旱风险。图 1-9 给出了以 1991—2020 年平均降水量为参照期的 2023 年全球降水量分位数分布，棕色部分代表最干旱的 20%，绿色部分代表最湿润的 20%。可见 2023 年，全球较多地区出现偏干旱现象，特别是北美洲、南美洲、大洋洲，以及非洲、亚洲部分区域年降水量严重偏低。农业干旱会影响农作物的收成，而生态干旱将增加生态系统的脆弱性。干旱也会引发毁灭性的沙尘暴。沙尘暴可以将数十亿吨沙子带到各大洲，不断减少种植粮食的土地。根据统计，全球遭受严重粮食不安全的人数翻了一番以上。干旱或许不是最主要的原因，但却是重要加剧因素。2023 年，长期干旱的大非洲之角地区遭受了严重的洪灾。尤其是在这一年的下半年，非洲西北部和伊

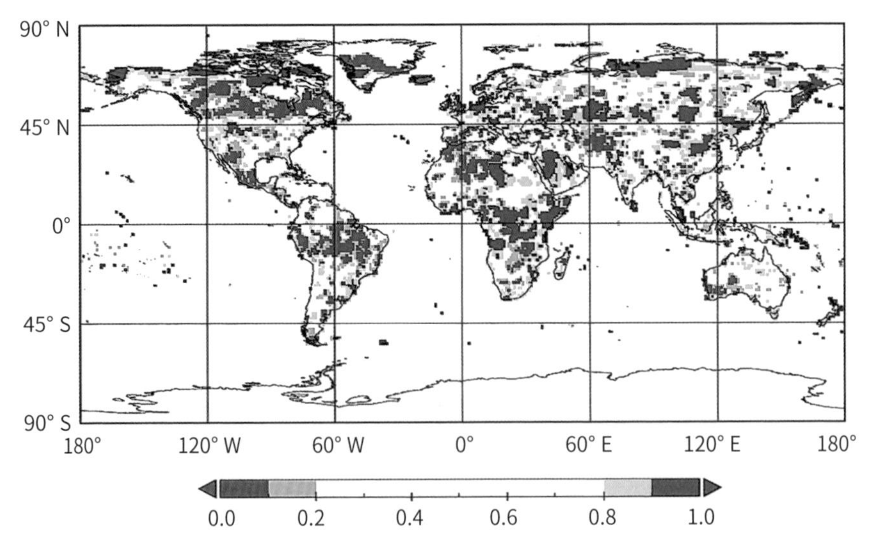

图 1-9　以 1991—2020 年位参照期的 2023 年全球降水量分位数分布（WMO，2024）

比利亚半岛部分地区，以及中亚和西南亚部分地区持续长期干旱；中美洲和南美洲许多地区的旱情加剧；在阿根廷北部和乌拉圭，1—8 月的降水量比平均水平低 20% ～ 50%，导致作物损失和蓄水量低。

（4）人类活动导致变暖毋庸置疑

IPCC 第六次评估报告显示，2010—2019 年，人类活动对温升的贡献约为 1.07℃，其中温室气体造成了约 1.5℃的升温，气溶胶等其他人类活动造成了约 0.4℃的降温效果。而太阳活动等自然强迫因素和气候系统的内部变率对温升的贡献近似为零（图 1–10）。

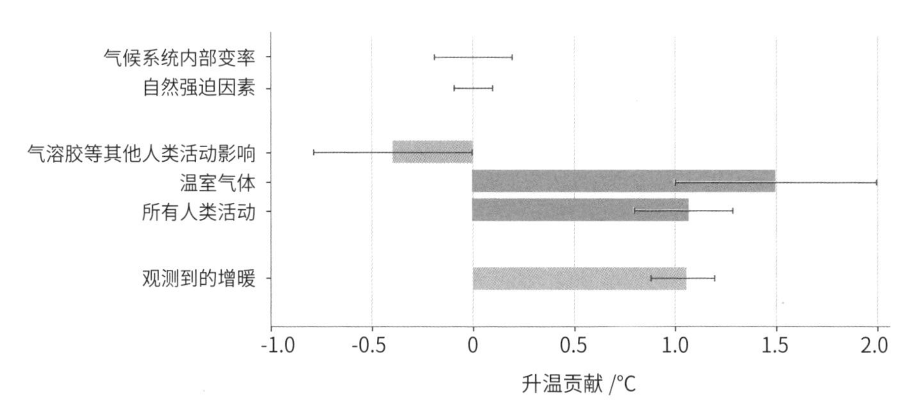

图 1–10　人类活动和自然因素对升温的贡献（IPCC，2021）

第二节　气候变化的驱动成因以及社会经济影响

以往研究表明，气候变化主要驱动力包括自然外强迫因子、气候系统内部变率和人为强迫因子变化，其中自然外强迫因子包括太阳活动、火山活动和地球轨道参数等。工业化时代人类活动通过化石燃料燃烧向大气排放温室气体，以及通过排放气溶胶改变自然大气的成分构成，从而影响地球大气辐射收支平衡；同时，大范围土地覆盖和土地利用方式变化，会改变下垫面特征，导致地气之间能量、动量和水分传输的变化，进而影响全球及区域气候变化。

当前全球气候变化的主要影响因子

燃料发电

目前全球大部分地区仍旧利用燃烧煤炭、石油或天然气而发电，其过程会产生二氧化碳（CO_2）、一氧化二氮（N_2O）等温室气体。温室气体会吸收太阳热量并加热地球地表以及边界层大气（图 1–11）。

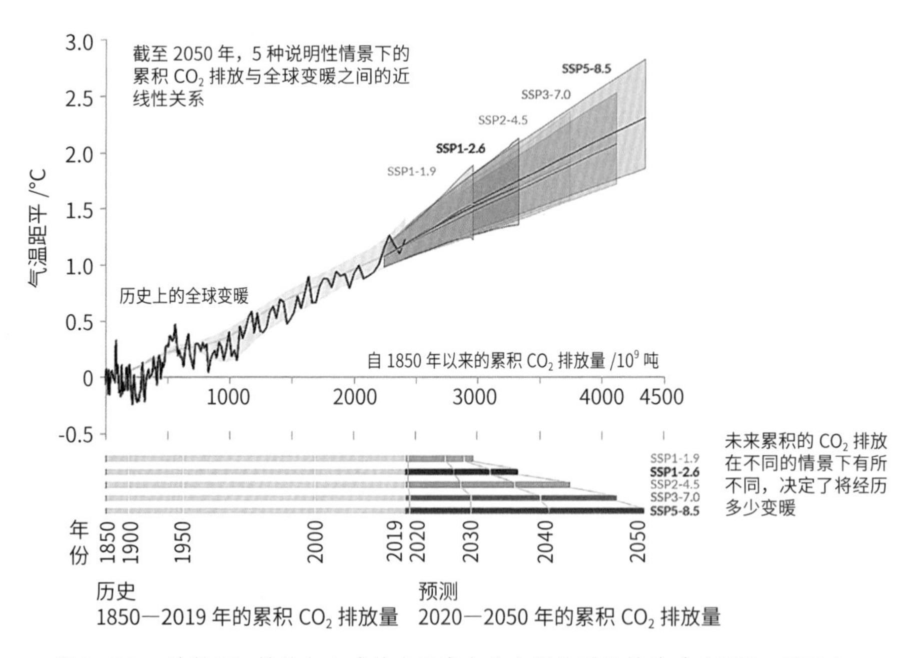

图 1-11 累积 CO_2 排放与全球地表温度上升之间的近线性关系（IPCC，2021）

建筑耗能

民用住宅和商业建筑消耗了全球一半以上电力。由于这些建筑仍使用煤炭、石油和天然气来供暖和制冷，排放大量温室气体。近年来，随着空调拥有量增加，供暖、制冷能源需求不断增长，导致与建筑耗能相关的二氧化碳排放量上升。

使用交通工具

大部分汽车、卡车、轮船和飞机都靠化石燃料供能运行。这些交通工具是温室气体（尤其是二氧化碳）的主要排放源。交通工具的二氧化碳排放量约占全球能源相关碳排放量的 1/4。而且，未来几年交通工具的能源消耗量将大幅增加。

砍伐森林

砍伐森林建造农场或牧场，或出于其他原因砍伐森林，都会产生温室气体，因为树木被砍伐时会释放自身一直储存的碳。目前每年约有 1200 万公顷的森林被毁。砍伐森林，加上农业及其他土地使用变化，这些活动产生的温室气体排放量约占全球总排放量的 1/4。

制造商品与生产

制造业和工业产生的温室气体排放主要来自燃烧化石燃料来为制造水泥、钢铁、电子产品、塑料制品、衣服和其他商品提供能源。制造过程中使用的机器通常靠煤炭、石油或天然气供能运行；有些材料，如塑料，是由化石燃料中的化学物质制成。生产粮食的过程中会以各种方式排放二氧化碳、甲烷和其他温室气体。这些方式包括为农耕和放牧而砍伐森林和开垦土地、牛羊消化食物、生产和使用肥料和粪肥来种植作物，以及通常使用化石燃料等能源来驱动农业设备或渔船。

当前气候变化对社会经济的影响

粮食危机

根据世界粮食计划署对 78 个国家的监测数据可知，全球严重粮食不安全人口数量增加 1 倍多，从新型冠状病毒大流行前的 1.49 亿人增加到 2023 年的 3.33 亿人。2022 年，全球 9.2% 的人口（7.351 亿人）营养不良，远高于 2019 年新型冠状病毒大流行前的水平（7.9%，6.128 亿人）（图 1–12）。当前，全球粮食和营养危机是现代人类历史上规模最大的危机。旷日持久的冲突、经济衰退和高粮价是全球粮食不安全水平居高不下的根源，而世界各地持续和广泛的冲突又导致农业投入成本居高不下，进一步加剧了粮食不安全状况。另一方面，极端天气气候事件影响也在进

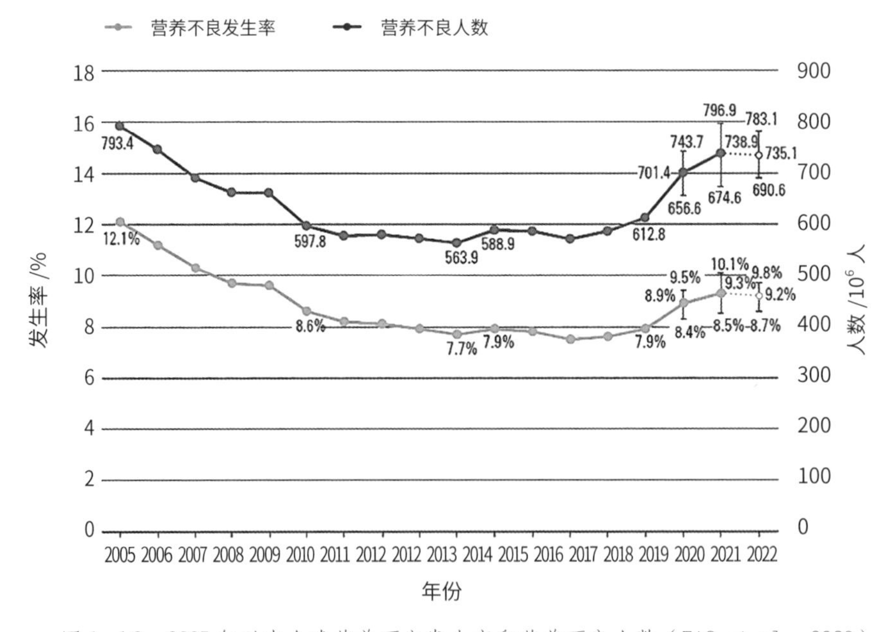

图 1–12　2005 年以来全球营养不良发生率和营养不良人数（FAO et al.，2023）

一步加剧这种状况。例如，2023 年 2 月南部非洲的极端天气之一——“弗雷迪”气旋，已影响到马达加斯加、莫桑比克、马拉维南部和津巴布韦一些国家和地区。飓风带来的洪水淹没了大片农田，给农作物造成严重破坏，加剧了经济复苏的难度。

可再生能源发电

可再生能源发电主要由太阳辐射、风和水循环的动态力量驱动。全球气候变化大背景下，全球范围内的实质性能源转型已经开始。2023 年，可再生能源新增容量比 2022 年增加了近 50%，总计 510 吉瓦。这一增长速度是过去 20 年来观察到的最高速度，表明有潜力实现 COP28 上设定的清洁能源目标，即到 2030 年将全球可再生能源装机容量增加至 3 倍，达到 11000 吉瓦。

> **COP28**
>
> 第二十八届联合国气候变化大会。会议于 2023 年 12 月 13 日，在阿联酋迪拜世博城举行。会议关键成果之一是完成了第一次全球盘点，旨在了解各联合国会员国在实现 2015 年《巴黎协定》气候目标方面所取得的进展。

城市人居健康

气候变化通过空气污染、极端天气事件等，导致人们被迫流离失所、罹病、心理健康压力增加以及在无法种植或找到足够食物的地方忍受饥饿和营养不良的加剧，持续损害了人类健康，特别是发生在人口分布密集的超大城市和城市群地区。

气候融资

天气和气候危害加剧了粮食安全、人口流离失所和对弱势人群的影响等方面的挑战，持续引发了新的、更长期的和二次流离失所，使许多因复杂的、多种原因造成的冲突和暴力局势而背井离乡的人们更加脆弱。减小灾害影响的重要举措之一是建立有效的多灾种预警系统。2021—2022 年，全球气候相关资金流量达到近 1.3 万亿美元，与 2019—2020 年的水平相比几乎翻一番。在平均情景下，要实现 1.5℃的目标，每年的气候融资投资需要增长 6 倍以上，到 2030 年达到近 9 万亿美元，到 2050 年再增长到 10 万亿美元。不作为的代价甚至更高。从 2025 年到 2100 年，不作为的总成本估计为 1266 万亿美元，即在一切照旧的情况下和在实现 1.5℃目标的路径下所造成的损失之差。

第三节　气候变化未来风险

气候变化的未来预估是应对、减缓和适应气候变化的科学基础，为政府制定合理而正确的决策提供重要科学依据。气候预估更关注在未来不同排放情景下，气候系统对人为强迫（主要是人为温室气体和气溶胶排放）的响应，且更聚焦于中长期的变化，是对未来几十年到几百年气候系统对外强迫响应的估计。

近年来，世界气候研究计划（World Climate Research Programme，WCRP）发起多项国际耦合模式比较计划（CMIP5、CMIP6），给出新一代温室气体在不同排放情景下的气候系统变化特征。这些排放情景指的是 IPCC 工作组发布并使用的新的社会经济情景——共享社会经济路径（SSPs）。CMIP6 中使用了 SSP1、SSP2、SSP3、SSP4、SSP5 共 5 个路径（表 1–1）。

表 1-1 共享社会经济路径（SSPs）描述

SSP1	**可持续性——走绿色道路（减缓和适应的挑战小）** 世界逐渐地、但普遍地转向更可持续发展的道路。强调更具包容性、尊重环境界限的发展。全球公域的管理慢慢得到改善，教育和卫生投资加速了人口结构的转型，对经济增长的重视转向对人类福祉的更广泛重视。在越来越多地致力于实现发展目标的推动下，国家之间和国家内部的不平等现象有所减少。消费以低物质增长、降低资源和能源密集度为导向
SSP2	**中间路线（减缓和适应的挑战为中等）** 世界走的是一条社会、经济和技术趋势与历史模式并无明显不同的道路。发展和收入增长不平衡，即其中一些国家取得了相对较好的进展，而另一些国家则未达到预期。全球和国家机构努力实现可持续发展目标，但进展缓慢。环境系统出现退化，但也有一些改善，资源和能源使用强度总体下降。全球人口适度增长，并在本世纪下半叶趋于平稳。收入不平等现象持续存在或改善缓慢，降低社会和环境变化的脆弱性仍面临挑战
SSP3	**区域竞争——崎岖不平的道路（减缓和适应面临巨大挑战）** 民族主义的复苏，对竞争力和安全的担忧以及地区冲突促使各国越来越关注国内问题，或最多关注地区问题。随着时间的推移，政策越来越倾向于国家和地区安全问题。各国专注于实现本地区的能源和粮食安全目标，而牺牲了更广泛的发展。对教育和技术发展的投资减少。经济发展缓慢，消费属于物质密集型，不平等现象长期存在或加剧。工业化国家人口增长率低，发展中国家人口增长率高。国际社会对解决环境问题的重视程度不高，导致一些地区环境严重退化
SSP4	**不平等——分化的发展道路（减缓挑战小，适应挑战大）** 人力资本投资的极不平等，加上经济机会和政治权力的日益悬殊，导致国家之间和国家内部的不平等和阶层分化日益加剧。随着时间的推移，一个与国际接轨、为全球经济的知识和资本密集型部门做出贡献的社会，与一个在劳动密集型、低技术含量的经济中工作、收入较低、受教育程度不高的零散社会之间的差距不断扩大。社会凝聚力下降，冲突和动荡日益普遍。高科技经济和行业的技术发展水平很高。与全球相连的能源部门多样化，既投资于煤炭和非常规石油等碳密集型燃料，也投资于低碳能源。环境政策重点关注中高收入地区的地方问题
SSP5	**高化石燃料消耗的发展 —— 快速发展道路（减缓挑战大，适应挑战小）** 这个世界越来越相信竞争性市场、创新和参与性社会能够带来快速的技术进步和人力资本发展，以此作为实现可持续发展的途径。全球市场日益一体化。人们还大力投资于卫生、教育和机构，以增强人力和社会资本。同时，在推动经济和社会发展的同时，世界各地也在开采丰富的化石燃料资源，并采用资源和能源密集型的生活方式。所有这些因素导致全球经济快速增长，而全球人口在 21 世纪达到顶峰并逐渐减少。空气污染等地方环境问题得到了成功治理。人们相信有能力有效地管理社会和生态系统，包括在必要时使用地球工程

温度和降水预估

基于不同排放情景的未来气候预估结果表明，对于全球区域来说，温度和降水在未来都会产生明显的变化。对于温度而言，IPCC 第六次评估报告指出，在 5 种排放情景下，21 世纪末全球表面温度将升高 1.0 ～ 5.7℃（表 1–2）。在 SSP5–8.5 的情景下，全球平均表面温度升高幅度将在 20 年内达到或超过 1.5℃。即使在 SSP2–4.5 和 SSP3–7.0 的情景下，这一温升结果仍有可能出现。对于降水而言，在全球气候变暖的背景下，21 世纪的陆地平均降水将增加。CMIP6 模式的结果显示，2081—2100 年相比于 1995—2014 年，在 SSP5–8.5 的情景下，平均降水量将增加 0.9% ～ 2.9%。对于中国区域来说，在未来百年尺度上，CMIP6 模式在 SSP1–2.6、SSP2–4.5 和 SSP5–8.5 三种情景下都反映出同样的变暖变湿趋势。气温变化方面，CMIP6 中的 13 个全球气候模式的结果表明，在 SSP1–2.6 的共享社会经济的情景下，中国的平均气温在 21 世纪中叶将会比 1986—2005 年的温度增高 2.0℃，在 21 世纪末期有所降低。在 SSP2–4.5 情景下，21

表 1–2 在选定的 20 年时间段和所考虑的 5 种描述性排放情景下，根据多种证据评估的全球表面温度变化

（资料来源：《气候变化 2021：自然科学基础》决策者摘要）

情景	近期（2021—2040 年）		中期（2041—2060 年）		远期（2081—2100 年）	
	最佳估值/℃	可能范围/℃	最佳估值/℃	可能范围/℃	最佳估值/℃	可能范围/℃
SSP1-1.9	1.5	1.2 ～ 1.7	1.6	1.2 ～ 2.0	1.4	1.0 ～ 1.8
SSP1-2.6	1.5	1.2 ～ 1.8	1.7	1.3 ～ 2.2	1.8	1.3 ～ 2.4
SSP2-4.5	1.5	1.2 ～ 1.8	2.0	1.6 ～ 2.5	2.7	2.1 ～ 3.5
SSP3-7.0	1.5	1.2 ～ 1.8	2.1	1.7 ～ 2.6	3.6	2.8 ～ 4.6
SSP5-8.5	1.6	1.3 ～ 1.9	2.4	1.9 ～ 3.0	4.4	3.3 ～ 5.7

世纪末期升温幅度在 1.4 ～ 3.9℃，在 SSP5-8.5 情景下，这一数字达到 3.2 ～ 8.7℃。降水方面，CMIP6 结果显示，相较于 1986—2005 年，21 世纪末期的中国地区年平均降水量在 SSP1-2.6、SSP2-4.5 和 SSP5-8.5 的情景下分别增加约 7%、9%和 18%。

极端气候预估

极端气候预估是气候变化预估中的重要组成部分。相对于气候平均态变化，极端气候对全球变暖的响应更为明显，且极端事件的发生对区域经济和社会环境的影响更大。在全球尺度，随着全球变暖的不断加剧，大部分极端天气气候事件类别的发生强度和频率都显著增加。例如，高温热浪事件增多、极端强降水事件增多和农业生态干旱时间增加等。过去近 80 年间，全球多个国家和地区的极端降水事件增加，且在 21 世纪增加趋势更为显著。极端降水总是伴随着洪水和风暴潮等其他极端天气气候事件，也经常和极端气温相互影响。相关研究显示，地表温度每升高 1℃，大气中的水汽含量大约增加 7%。虽然极端降水和极端气温之间存在一定的相关关系，但是极端降水相比极端气温变化在空间上更具有不均匀性，更加难以预估。除此之外，随着全球变暖幅度增加，一些地区农业和生态干旱加剧，强热带气旋比例增加。

气候变化除了带来更多的极端温度事件和极端降水事件，也促使了更多复合型极端事件的发生，例如，风暴潮、高温热浪天气和高温高湿天气等得到越来越多的关注。在中等排放情景下，21 世纪末的中国区域人体热感受将普遍升高，极端高温高湿天气将大幅增加，冰川融化、冻土减少、沿海水位升高等趋势整体还将继续。而在高排放情景下，复合型极端事件发生的频率可能更高。

海洋和冰冻圈变化

21 世纪内，海水将继续变暖、海平面继续上升，海洋热浪更加频繁、酸化加剧、氧气含量持续降低。全球变暖将加剧多年冻土的融化、季节性积雪的损失、冰川和冰盖的融化、北极海冰的损失。IPCC 第六次评估报告《气候变化 2021：自然科学基础》揭示：全球温升每增加 1℃，春季积雪减少 8%；冰川显著减少（2100 年只剩当前的 18% ～ 36%）；多年冻土上层的体积将减少 25%；北极海冰持续减少，2050 年之前可能出现无冰之夏；海平面上升增加海岛淹没风险；海洋环流面临崩溃风险；全球平均海平面到 2100 年将上升 0.44 ～ 1.17 米；冰架、冰盖持续退缩；格陵兰和南极冰盖持续减少，导致海平面持续上升。

行业领域风险

气候变化的未来风险还表现在多行业、多领域上，如农业和粮食、水资源、能源及建筑节能等。

随着全球变暖的不断加剧和人类工程化进程的不断推进，全球气候变化对农业造成了越来越显著的影响。未来，我国农业资源的总量将继续增加，但空间分布格局展现出极其不均衡的特征。一方面，气候变暖，温度升高，日平均气温高于 10℃的持续日数增加，农业热量资源增加，农作物的最佳生长期变长，适宜种植多熟农作物的面积扩大；另一方面，气候变化导致极端天气气候事件增多，洪涝、干旱、高温和低温等农业气象灾害风险增加。其中，干旱对农业生产影响最大、影响范围最广且发生频率最高。此外，气候变化对农业的影响也会辐射到畜牧业。极端降水、沙尘暴等极端气象灾害的发生会造成草场退化，沙漠化加剧，影响牧草储量的变化。

对于未来全球水资源的变化方面，已有手段多采用特定温室气体排放情景下的结果驱动水文模型，比较不同气候情景下水资源的各项指标的变化，进而定量化评估气候变化对水资源的影响。预估结果表明，全球变暖的显著趋势会极大影响水资源的供应和消耗，对区域水安全产生至关重要的作用。气候变暖将导致水循环加剧，对降水、蒸散发和土壤水等产生影响，增加极端水文气候事件发生的强度和频率，影响人类生产生活的用水安全和水利工程的供水效力。此外，气候变暖导致干旱加剧，进而使得流域枯水期增长，影响水库蓄水、水力发电以及航道运输等。因此，未来需要从行业用水、流域水资源管理等方面深入探究气候变化对水资源的影响和风险，提高水资源系统应对气候变化能力。

未来气候变化还与能源利用息息相关。一方面，传统能源的继续使用会加剧温室气体排放与污染问题，进一步导致全球气候变化，对人类社会和自然环境产生危害；另一方面，未来气候变化也会对能源生产和效率产生重要影响。IPCC 评估报告指出，能源部门是在气候变化大背景下，整体受影响最大、最脆弱的部门之一。此外，未来气候变化对风能、太阳能等可再生能源也有影响。海洋可再生能源也是减缓气候变暖的新能源之一。生物质能源的开发和利用也被用于应对气候变暖。生物质能源可以发挥重要的减排作用，目前的碳捕获和储存技术可以从吸收二氧化碳的植物中提取能量，捕获植物物质燃烧时释放的二氧化碳，然后将大气中的二氧化碳储存到地下，有利于清洁型的大规模能源供给。

在建筑节能领域，未来气候变化与建筑耗能（如采暖空调耗能）之间紧密相连。当前，我国每年新增建筑面积 18 亿～ 20 亿平方米，而且每年住房和城乡建设部有近亿平方米的既有建筑节能改造任务，如何使新建建筑建设和既有建筑的改造更加节能，其中非常重要的一点就是要准确把握全国各建筑气候区的气候特征，充分考虑气候变化对建筑节能设计气象参数和设计标准的影响，从而为政府和建筑设计部门提供决策依据。此外，未来快速发展的城市化会加剧城市热岛效应。在全球变暖背景下，城市热岛效应又会进一步造成供暖能耗减少、制冷能耗增加，进而影响建筑能源气候适应。未来，近几十年极端高温热浪事件的强度、频率和持续时间不断增加，并且影响区域不断扩大，高温热浪频发并与城市热岛效应的叠加趋势越来越明显，不仅会加剧城市居民热暴露风险及死亡率增加，而且会对大城市与中小城市各类建筑能源造成严重影响。

第二章 建筑碳排放现状

全球变暖是人类行为导致的地球气候变化后果之一。“碳”是石油、煤炭、木材等由碳元素构成的自然资源。“碳”耗得愈多，导致地球变暖的主要元凶——二氧化碳就制造得愈多。自18世纪工业革命以来，随着经济的迅速发展，世界各国消耗大量化石能源如煤炭、石油、天然气等，人类活动对气候变化产生了巨大影响，用于生产生活过程中消耗的能源使得全球气候变暖形势愈发严峻。反过来，全球变暖同样在日益影响人类的生活方式，并带出更多的生态环境和社会发展问题。

建筑具有耐用、使用年限较长的特点，因此建筑领域推进低碳工作受到“碳锁定”因素的制约。我国在低碳政策的研究上聚焦在对新建建筑和既有建筑的政策引导方面。一方面，新建建筑在设计施工阶段通过建立高能效标准，加强施工建筑过程的节能监管，严格新建建筑节能评估审查，以实现最大程度的能效提升；另一方面，在既有建筑的集中节能改造政策上，针对既有建筑的围护结构、空调、采暖、通风、照明、供配电以及热水供应等能耗系统的节能综合改造，提高或引入创新性的技术、设备、系统和管理措施，进一步提升既有建筑的能耗使用率，节约能源消费。

第一节　国际建筑碳排放现状

IPCC在最新的评估报告《气候变化2022：减缓气候变化》中指出：1850年至今，人类行为造成温室气体净排放总量呈不断上升状态。1992年，155个国家共同签署通过了《联合国气候变化框架公约》，分别对发达国家、发展中国家温室排放进行了不同的义务规定。如果继续保持现有碳排放状态，温室气体浓度将持续增长，导致全球平均地面气温将在2030—2050年比工业革命前高出1.5℃。为了实现将全球升温控制在1.5℃

温室气体排放

以内，全球温室气体排放量必须在 2025 年前达到峰值，并在 2030 年之前降低 43%。

随着国际经济社会发展，对于化石能源需求仍不断增大，温室气体排放总量依然呈上涨趋势。《2023 全球碳中和年度进展报告》显示，127 个国家设置了与可再生能源发电相关的目标，超过 50% 的全球资金用于可再生能源和电网的投资，将近 50% 的碳综合技术转让发生在能源领域，但是能源转型对于各国仍是巨大挑战。全球只有不到 1/4 的国家非化石能源供应占比超过了 50%，仍有 87 个国家的化石能源供应占比超过 80%，其中大部分是发展中国家。报告中的统计数据表明了发展中国家能源转型的迫切需求和巨大挑战。2022 年国际气候科学机构“全球碳项目”最新数据显示，全球二氧化碳排放量将继续刷新历史纪录，如果各国不大幅减少排放，将在未来9年内耗尽剩余的“碳排放”预算。但是，全球碳中和当前进展存在不足：①气候投融资制约绝大多数国家；②国际技术转让领域存在硬技术占比偏低，非能源领域技术转让不足；③很多国家碳中和目标缺乏区域和行业级目标的分解支持，具有碳中和规划的次国家行为体占比仅有25%左右，且大部分规划仅停留在排放总量强度削减目标层面。

欧洲及美国、澳大利亚等国家和地区也提出建筑领域碳减排目标，通过建筑本体节碳、可再生能源等多种技术综合应用，加快推进零碳建筑的实施。

科莫湖意大利住宅

欧洲

2002 年，欧盟颁布了《建筑能源绩效指令》，并在 2010 年对该指令进行了修订，提出通过提高能源效率、发展可再生能源、生物经济、天然碳汇、碳捕捉等技术实现 2050 年碳中和目标。2017 年，欧盟在“欧洲清洁能源”计划中提出 2030 年温室气体排放相比 1990 年下降 40%，能源消费中可再生能源比例至少要达到 32%，2050 年排放下降 80%。2021 年 10 月，英国政府发布《净零策略：重构绿色》研究报告，到 2037 年英国公共建筑直接碳排放下降 75%，到 2050 年建筑领域供热系统达到零碳排放。

欧盟在实施建筑领域低碳发展的过程中，与马德里、都柏林等 8 个城市展开合作，试点推行低碳建筑，并设立 2050 年建筑领域达到零碳排放的长期目标。此外，巴黎、伦敦等城市签署了世界绿色建筑委员会《净零碳建筑宣言》，承诺在 2030 年前新建建筑达到净零碳标准，2050 年前实现所有建筑净零碳标准。奥斯陆则承诺，到 2030 年新建建筑和改造建筑的碳排放量至少降低 50%。

美国

美国长期以来致力于建筑领域低碳发展，在政府的推动下，美国能源部向有意设立净零碳目标的州、城市和组织提供所需资源，这一计划促成了一系列积极的地方政策。加利福尼亚州出台的 2022 年零代码（Zero Code），旨在通过以规范的形式推动零碳建筑发展；华盛顿哥伦比亚特区计划实施强制性的净零碳建筑标准，并用一系列政策辅助逐步实现净零碳目标；波士顿实施的全市净零碳目标中，新建市政建筑和市政资助的经济适用住房需满足净零碳标准；同时，纽约签署了世界绿色建筑委员会发起的《净零碳建筑宣言》，承诺于 2030 年所有新建建筑达到 100% 净零碳标准。

其他地区

2012年，澳大利亚可持续建筑环境委员会的零排放住宅工作组提出了零碳建筑的定义和路线图，确定了该国零碳建筑发展方向。2016年，新加坡建筑和建设管理局提出了低碳建筑长期愿景，并制定了建筑领域技术路线图。2020年7月，澳大利亚阿德莱德市提出《阿德莱德2020—2024年战略计划》。该计划提出了2025年建成碳中和城市的目标，并针对太阳能高效利用设立了补贴。此外，该市为大多数安装光伏系统的居住建筑配置储能设备。

总之，建筑领域碳减排是城市碳中和的重要组成部分，全球不同国家和城市基于各自能源需求、能源结构情况，并结合碳中和时间表，提出了建筑领域减碳目标（表2–1）。

表2-1 各国家、城市建筑领域碳排放目标

年份	国家	城市	建筑领域减碳目标
2025	澳大利亚	阿德莱德	建筑领域实现零碳
2030	挪威	奥斯陆	新建、改造建筑碳排放下降50%
2030	中国	香港	2030年建筑碳排放相对于2005年降低65%～70%
2030		巴黎、纽约、伦敦	新建建筑净零碳
2037	英国		公共建筑直接排放下降75%
2050		巴黎、纽约、伦敦	所有建筑净零碳排放

第二节 国内建筑碳排放现状

我国始终高度重视气候变化与碳排放问题，积极贯彻可持续发展原则。2015年11月30日，习近平总书记在气候变化巴黎大会开幕式上的讲话中提出："中国在'国家自主贡献'中提出将于2030年左右使二氧化碳排

放达到峰值并争取尽早实现，2030 年单位国内生产总值二氧化碳排放比 2005 年下降 60% ～ 65%，非化石能源占一次能源消费比重达到 20% 左右，森林蓄积量比 2005 年增加 45 亿立方米左右”。2020 年 9 月 22 日，习近平总书记在第七十五届联合国大会一般性辩论上向全世界郑重宣布，中国将提高国家自主贡献力度，采取更加有力的政策和措施，二氧化碳排放力争于 2030 年前达到峰值，努力争取 2060 年前实现碳中和。党的二十大报告明确提出，积极稳妥推进碳达峰、碳中和。

中国在建筑领域低碳发展方面做出了重要贡献。2014 年 3 月，国家发展和改革委员会宣布了发展 1000 个低碳社区的计划，这是我国在低碳领域的早期探索。2017 年，香港特别行政区政府制订了 2030 年气候行动计划，明确了 2030 年建筑领域碳排放强度比 2005 年降低 65% ～ 70% 的发展目标，计划相当于在 2025 年目标基础上再降低 50% 左右。2019 年我国发布国家标准《建筑碳排放计算标准》（GB/T 51366—2019）。2021 年 9 月 22 日，《中共中央 国务院关于完整准确全面贯彻新发展理念做好碳达峰碳中和工作的意见》中提出，加快推进超低能耗建筑、近零能耗建筑和低碳建筑规模化推广。同年 10 月，中共中央办公厅、国务院办公厅印发了《关于推动城乡建设绿色发展的意见》，提出大力推广超低能耗、近零能耗建筑，发展零碳建筑。根据我国建筑部门碳达峰控制目标相关研究，建筑部门从建筑面积、用能强度和用能结构方面入手，提出我国建筑部门降低建筑碳排放的六项主要技术措施，并通过技术方案组合的方式，提出在碳达峰目标约束条件下的实施路径。

第一，新建建筑能效提升。2019 年国家标准《近零能耗建筑技术标准》（GB/T 51350—2019）颁布，2019 年严寒和寒冷地区已经率先强制执行 75% 的节能率标准，2021 年江苏省住房和城乡建设厅率先提出 2025 年新建建筑全面按照超低能耗建筑设计建造的政策。逐步提升建筑节能标准至超低近零能耗建筑指标要求是未来工作重点之一。

第二，既有建筑低碳改造。我国既有建筑存量巨大，虽然节能建筑占比已超过城市建筑的50%，但仍有大量建筑具有节能低碳改造潜力。

第三，建筑终端用能电气化。需求侧电气化是低碳发展的重要路径，建筑作为城市能源的消费主体，也是最容易提升电气化率的部门，应该积极推进用能电气化以及可再生能源的应用。

第四，农村可再生能源大比例应用。农村地区丰富的可再生资源，如太阳能、风能和生物质能等清洁能源，为农村住宅的低碳化运行提供了支撑。建立合理的低成本可再生能源利用模式，是实现农村住宅用能低碳化的关键。

乡村太阳能和风能发电

第五，北方地区清洁供暖。我国北方已有城镇集中供暖面积约 150 亿平方米，在碳中和目标下，未来发展方向是由低碳甚至零碳能源替代燃煤和天然气。以热电联产和工业余热作为集中供热的清洁热源具有明显的经济优势，且能够保障供热效果和安全，北方目前工业余热有效利用可解决 50 亿平方米的集中供热面积。根据《中国能源电力发展展望 2020》提出的 2030 年火电装机量为 12.5 亿～ 13.5 亿千瓦的情况，未来保留的北方火电厂余热若按热电联产运行，则可用于北方集中供暖面积约 80 亿平方米。

第六，建筑柔性用电系统。未来在建筑可再生能源供能规模化和电气化的趋势下，电源和负载的直流比例越来越高。随着具有波动性和随机性的风光电的高比例渗透，灵活性将成为电力系统的必备条件。

当下，我国仍然处于工业化与城镇化极速发展阶段，在经济发展、能源利用方面存在不平衡、不充分等突出问题，完成以上减排目标仍需付出艰辛与努力。IPCC 在研究报告中指出，实现 1.5℃目标和 2℃目标的模拟路径，需要工业、交通、建筑、能源等终端消耗部门立即采取减排行动，对减排路径进行分类细化。建筑部门作为三大能源消耗部门之一，具有较大减排潜力，特别是在我国快速城市化发展阶段，有效控制建筑碳排放，可避免城镇化达峰后面临的建筑碳排放“锁定”风险。

2023 年 12 月 27 日，我国最新发布的《2023 中国建筑与城市基础设施碳排放研究报告》指出：2021 年全国房屋建筑全过程碳排放总量为 40.7 亿吨 CO_2，占全国能源相关碳排放的比重为 38.2%（图 2–1）。其中，建材生产阶段碳排放 17.1 亿吨 CO_2，占全国的比重为 16.0%，占全过程碳排放的 41.8%；建筑施工阶段碳排放 0.6 亿吨 CO_2，占全国的比重为 0.6%，占全过程碳排放的 1.6%；建筑运行阶段碳排放 23.0 亿吨 CO_2，占全国的比重为 21.6%，占全过程碳排放的 56.6%。当考虑基础设施时，全

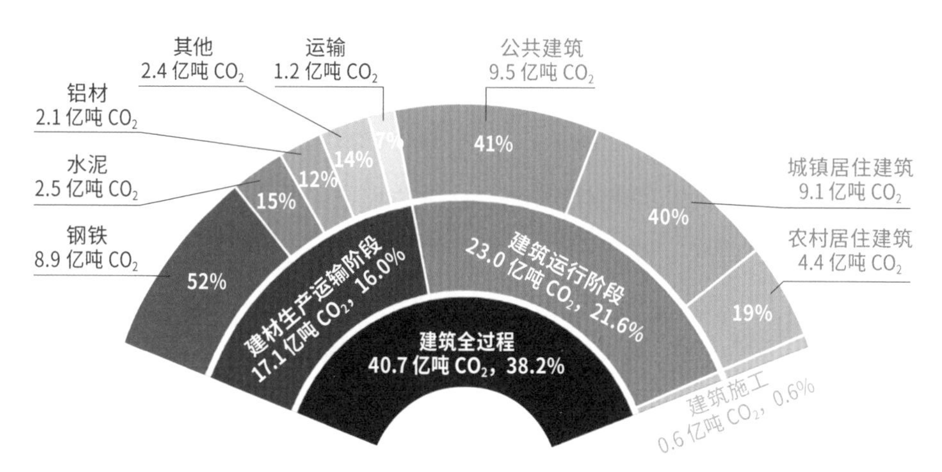

注：建造阶段的建材碳排放和施工碳排放仅包含房屋建筑，不涉及基础设施；建材碳排放仅为能源碳排放，不含建材的工业过程碳排放；全国能源相关碳排放总量 106.4 亿吨 CO_2，数据源自国际能源署。

图 2-1　2021 年中国房屋建筑全过程碳排放
（引自《2023 中国建筑与城市基础设施碳排放研究报告》）

国建筑业全过程碳排放总量为 50.1 亿吨 CO_2，占全国能源相关碳排放的比重为 47.1%。

2021 年，全国建筑运行阶段能耗相比 2020 年增长 0.75 亿吨碳当量，增幅为 6.96%；碳排放增长 1.5 亿吨 CO_2，增幅为 6.95%。其中，公共建筑运行碳排放增长了 0.95 亿吨 CO_2，增幅为 11.1%，占建筑运行碳排放总增量的 63%，是排放增长的最主要来源。不同类型的建筑的碳排放总量的增速不尽相同，但其占比情况相对固定。总的来看，公共建筑、城镇居住建筑和农村居住建筑的碳排放比重为 4:4:2（图 2-1）。

2021 年，中国 321 个城市的建筑运行碳排放总量为 22.6 亿吨 CO_2，其中，近半数城市的排放低于 400 万吨 CO_2，42% 的城市的排放量在 400 万 ~ 1200 万吨 CO_2，仅有 10% 的大城市的排放超过 1200 万吨 CO_2。全国人均建筑运行碳排放为 1.61 吨 CO_2/ 人，北方城市受冬季采暖

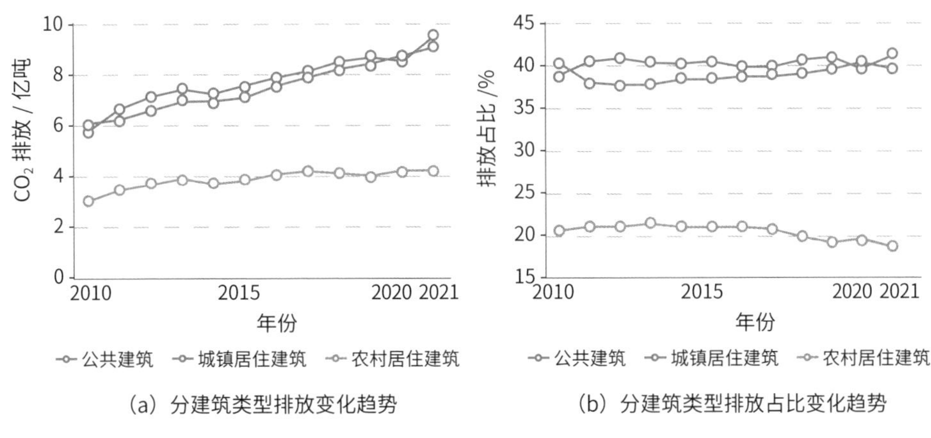

图 2-2　建筑运行阶段碳排放变化趋势——分建筑类型
（引自《2023 中国建筑与城市基础设施碳排放研究报告》）

活动的影响，人均排放较高，为 2.33 吨 CO_2/ 人，南方非采暖城市的人均排放仅为 1.11 吨 CO_2/ 人。京津冀、长三角、粤港澳和成渝等城市群的人口规模较大，其建筑运行碳排放量也较高。受气候因素和地区资源禀赋影响，京津冀城市群和成渝城市群的农村居住建筑碳排放和建筑化石燃料直接排放更为突出；长三角城市群和粤港澳城市群建筑电力碳排放较高的特点显著。

将建筑设计作为设计创新型城市建设的重要组成部分，着力提升建筑核心竞争力，促进建筑与人融合发展，已成为行业共识。随着未来大规模的城市建设与人民生活水平的提高，建筑部门最终能源的使用量还会持续增长，如何既能满足经济社会发展需要，又能实现建筑领域低碳发展，成为目前急需解决的问题之一。

2022 年，住房和城乡建设部印发“十四五”建筑节能与绿色建筑发展规划（建标〔2022〕24 号）。该规划是建立在“十三五”规划基础上。在“十三五”期间，我国建筑节能与绿色建筑发展取得重大进展。截至 2020

年底，全国城镇新建绿色建筑占当年新建建筑面积比例达到 77%，累计建成绿色建筑面积超过 66 亿平方米，累计建成节能建筑面积超过 238 亿平方米，节能建筑占城镇民用建筑面积比例超过 63%，全国新开工装配式建筑占城镇当年新建建筑面积比例为 20.5%。

“十四五”时期，建筑节能与绿色建筑发展面临更大挑战，同时也迎来重要发展机遇。2021 年 10 月《中共中央办公厅 国务院办公厅关于推动城乡建设绿色发展的意见》明确了城乡建设绿色发展蓝图。通过推进建筑节能与绿色建筑发展，以更少的能源资源消耗，为人民群众提供更加优质的公共服务、更加优美的工作生活空间、更加完善的建筑使用功能，将在减少碳排放的同时，不断增强人民群众的获得感、幸福感和安全感。

深圳湾科技生态园建筑群绿色节能设计

第三章 建筑节能迫在眉睫

建筑节能

建筑节能是指在建筑材料生产、房屋建筑和构筑物施工及使用过程中，满足同等需要或达到相同目的的条件下，尽可能降低能耗。

应对全球气候变化，减少碳排放、实现碳达峰、碳中和，建筑业正在成为一支主力军。有统计显示，建筑能耗约占整个社会能耗的1/3左右，降低该部分能耗会显著改善社会整体能耗状况。近30年以来，我国大力推广节能建筑，通过提高节能标准，实施改造工程，加大监管力度，推广可再生能源等举措，不断提升建筑能效。如今，发展节能建筑已成为国家的一项长期战略，正在助力中国早日实现碳排放达峰和建筑行业高质量发展的目标。

习近平总书记强调："推动形成绿色发展方式和生活方式，是一场深刻革命。""建立健全绿色低碳循环发展经济体系、促进经济社会发展全面绿色转型，是解决我国生态环境问题的基础之策。""面向未来，中国将贯彻创新、协调、绿色、开放、共享的发展理念，实施一系列政策措施，大力发展清洁能源，优化产业结构，构建低碳能源体系，发展绿色建筑和低碳交通，建立国家碳排放交易市场，等等，不断推进绿色低碳发展，促进人与自然相和谐。"

2024年国务院关于印发《2024—2025年节能降碳行动方案》的通知强调："节能降碳是积极稳妥推进碳达峰碳中和、全面推进美丽中国建设、促进经济社会发展全面绿色转型的重要举措。"总体要求是以习近平新时代中国特色社会主义思想为指导，深入贯彻党的二十大精神，全面贯彻习近平经济思想、习近平生态文明思想，坚持稳中求进工作总基调，完整、准确、全面贯彻新发展理念，一以贯之坚持节约优先方针，完善能源消耗总量和强度调控，重点控制化石能源消费，强化碳排放强度管理，分领域分行业实施节能降碳专项行动，更高水平更高质量做好节能降碳工作，更好发挥节能降碳的经济效益、社会效益和生态效益，为实现碳达峰、碳中和目标奠定坚实基础。

建筑领域是我国能源消耗和碳排放的主要领域之一。2024 年 3 月 12 日，国务院办公厅转发国家发展改革委、住房和城乡建设部《加快推动建筑领域节能降碳工作方案》（国办函〔2024〕20 号），提出了推动建筑领域节能降碳的总体要求，进一步聚焦建筑领域提高能源利用效率和降低碳排放水平，促进经济社会发展全面绿色转型。要求各地区各有关部门认真

城乡建设绿色转型

贯彻落实，充分认识加快推动建筑领域节能降碳的重要意义，完善工作机制、细化工作举措，不断提高能源利用效率，促进城市与农村建筑节能领域的高质量发展。

随着经济快速增长，建筑业也进入鼎盛时期。根据统计，近几年我国每年新增建筑面积超过 20 亿平方米。与此同时，建筑能耗占能源总消费量的比例也在与日俱增。其中，各类建筑中，公共建筑能耗比例最大，而且未来这一比例将进一步提高。国家统计局发布的改革开放 40 多年建筑业发展报告显示，中国建筑业保持快速发展，行业规模不断扩大、实力不断增强，已建成一批世界顶尖水准项目，并从建筑业大国不断走向建筑业强国。面对如此庞大的建筑发展与耗能问题，建筑节能与减排迫在眉睫。应重点提升建筑节能标准，推广先进建筑节能技术，开展建筑绿色节能改造。优先支持大气污染防治重点区域利用可再生能源满足建筑供热、制冷及生活热水等用能需求，利用外墙保温技术、门窗保温技术等降低冬季采暖用能需求，推广被动式建筑节能、绿色照明、高效节能家电等技术。同时，加快建筑行业绿色低碳转型技术创新，加快推动建筑领域节能降碳，全面推进城乡建设方式和管理运行模式绿色转型，为实现碳达峰、碳中和目标提供有力支撑。

第二篇 气候变化对建筑的影响

建筑是人类的栖息地，为人类生存生活提供保护。全球变暖背景下，极端天气气候对建筑的影响和风险愈来愈大。1979 年以来，与天气、气候和水有关的灾害占所有自然灾害的 50%，造成的死亡人数占 45%，经济损失占 74%。受气候变化影响，全球灾害数量增加了 5 倍，灾害损失则增加了 7 倍之多。气候变化对建筑产生了多方面影响。一方面，随着气温升高，建筑需要增加冷却设备以维持室内舒适温度，随之增加了能源消耗和碳排放，加剧了气候变化。另一方面，极端天气事件如暴雨、洪水、飓风、热浪等对建筑结构和性能构成威胁，增加了建筑物的风险。建筑行业作为重要的能源消耗和碳排放领域，在全球应对气候变化挑战中扮演着至关重要的角色。

建筑节能与建筑能耗，是气候变化影响建筑及适应领域的两个关键变量。建筑节能是减少能源消耗和二氧化碳排放的重要手段，而建筑能耗则反映建筑在运作过程中对能源的需求和利用情况。气候变化对建筑的影响主要体现在建筑的设计、施工、使用和拆除等诸多环节和过程中。因此，建筑行业需要与政府、科研机构、企业和社会各界紧密合作，共同推动建筑节能减排、气候适应性研究与实践，为打造更加环保、可持续建筑环境而努力。

本篇首先介绍极端天气气候对建筑的影响及风险，详细讲述气候变化对建筑节能设计、建筑能耗的影响，评估城市热岛效应对建筑能耗的影响，分析气候变化与建筑区划的影响。

第四章 极端天气气候对建筑的影响与风险

全球变暖的趋势不断持续，不同地区极端天气气候事件呈现增多、增强趋势，气候变化和极端天气已成为全球最主要的中期和长期风险之一。面对 21 世纪前所未有的气候变化，人类的气候变化风险十分严峻，缓解与适应行动愈加迫切。

极端天气气候事件对建筑的影响不容忽视，主要体现于物理破坏和能耗方面。为抵御气候变化风险，我们需要利用建筑进行缓解，并调整建筑及城市设计，使人类最低程度地受到气候变化影响。同时，需要重点关注建筑能耗问题（采暖、空调、热水供应、照明、炊事等方面）。在气候变化背景下，“如何提升建筑用能效率”这个政府与科学家关注的热门问题，是我国“节能减排”工作的重中之重。

第一节　气候风险的定义

气候风险是指极端天气、自然灾害、全球变暖等气候因素及社会向可持续发展转型对经济金融活动带来的不确定性。该定义由气候相关财务信息披露工作组（Task Force on Climate-Related Financial Disclosure，TCFD）首先提出，之后巴塞尔委员会等国际组织和部分监管机构也提出类似定义。

每个人都处于气候变化的风险之中。通常，气候变化风险由以下 3 个基本要素组成。

（1）脆弱程度

气候风险下，人的脆弱性受房屋设计、构造，习惯、年龄、健康及财富等多因素影响。住在传统房屋的人通常拥有季节性和日常性的生活方式确保他们安全、舒适地适应各种气候条件。现代住宅居住者应对酷热的能力依赖于支付空调电费的能力和可用电力设备。

（2）暴露程度

人类在自然环境下的暴露程度是风险三角形（图 4–1）中的关键因素（即冒险、漏洞、曝光）。这共生三角将人与经济系统和气候联系在一起，并将人与房屋的墙砖和砂浆等建筑元素联系起来。

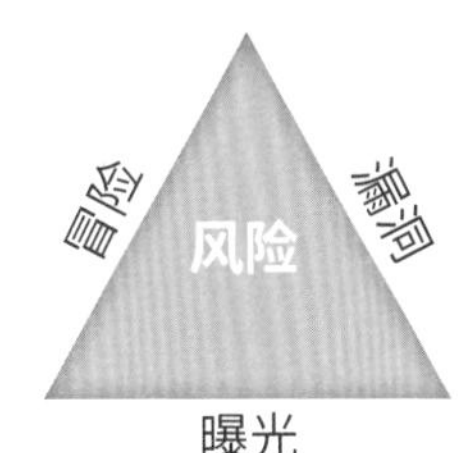

图 4–1 风险三角形（Crichton，1999）

（3）风险程度

通常，可以从危害程度和发生频率这两方面来描述“风险程度”，即气候会变得多极端，以及极端气候现象出现的频率是多少。例如，若一些房屋遭遇洪水的概率很小，则这些房屋比每年会被淹一两次的房屋承担的风险就小很多。

风险最后都可能转化为对个人、机构、生存环境、自然景观、国家甚至整个地球的伤害，计算方式如下：

（可能的）风险程度 × 脆弱程度 × 暴露程度 =（可能的）影响

如果其中任何一个因素为零，则结果就是零风险。

TCFD 将气候相关风险划分为与低碳经济转型相关的风险和与气候变化的实体影响相关的风险两大类（表 4–1）。据 TCFD 阐述：转型风险主要指为向低碳经济转型，政策、法律、技术和市场方面均会产生适应性变化；其变化性质、速度及重点可能会带来不同程度的合规、财务和声誉风险；实体风险主要指物理性的气候变化事件，包括洪水、台风、海啸等极端天气带来的急性风险以及气温升高、海平面上升等长期气候模式发生带来的慢性风险。

表 4-1 气候相关风险实例
（资料来源：TCFD 报告，ESG 亚洲报告整理）

类型	气候相关风险	风险实例
转型风险	政策和法规风险	· 提高温室气体排放定价 · 强化排放量报告义务现有产品和服务的要求与监管 · 面临诉讼风险
	技术风险	· 以低排放选择替代现有产品和服务 · 对新技术的失败投资 · 低排放技术转型的前端费用
	市场风险	· 客户行为变化 · 市场信号不确定 · 原材料成本上涨
	声誉风险	· 消费者偏好转变 · 行业污名化 · 利益相关方对利益相关方负面反馈日益关切
实体风险	急性风险	· 台风、洪水等极端天气事件严重程度提高
	慢性风险	· 降水量变化和天气模式极端波动 · 平均气温上升 · 海平面上升

第二节 极端事件对建筑的影响与风险

极端天气带来的风险主要包括台风暴雨、极端高温、野火烟雾、暴风雪灾、泥石流等。建筑外观增强抵御极端天气的能力非常关键，同时需要考虑建筑能耗与社会经济成本问题。NOAA 数据显示，2021 年以来，美国共发生 44 起价值约 10 亿美元的灾难，每年损失估计约 1522 亿美元。2020 年 6 月 27—30 日，我国湖北强降水过程造成的 12 063 间房屋倒塌或受损以及 24.62 亿元直接经济损失，已有 169.57 万人受到影响。

在建筑领域，提升韧性是解决和抵御这些损失的方案之一。一座富有韧性的建筑，必须有能力抵御可预测的自然灾害与气候影响。特别是对于易受恶劣天气气候影响的城市、社区而言，可持续建筑战略部署是提高抗灾能力的基石。当前，建筑业主已经意识到制定具备适应性与韧性拣择策略的重要意义。因为这样不仅能提高建筑物本身资产价值，还可有效对冲因气候风险而可能造成的高昂代价。为建筑物制定可持续性策略，已成为业内渐盛的趋势。它不仅可以解决因建筑排放而对环境造成负担的问题，同时能增强建筑韧性。因此，做好韧性规划有助于建筑物或者空间为此类事件提前做充分准备，并于灾后迅速恢复。

在建筑能耗方面，需要考虑多样气象因素，如干球温度、湿球温度、相对湿度、太阳辐照度等，进而模拟分析这些参数变化对取暖、制冷及总建筑能源需求的影响。特别值得关注的是城市极端高温和热岛效应对建筑能耗的影响。建筑的供暖和制冷能耗占建筑运行总能耗的比重高达 6 ～ 7 成，且受外界气象条件影响，尤其是受城市热岛效应影响显著。以天津为例，供暖期间城市热岛强度上升 1℃，导致城市供暖能耗比农村减少 0.03 千瓦・时 / 米 ^{2}；制冷期间，城市热岛强度上升 1℃，导致城市制冷负荷比农村增加 0.001 千瓦・时 / 米 ^{2}。因而，在全球变暖背景下，极端天气气候事件与城市及农村地区的建筑能耗与节能皆密不可分。

极端高温

气温升高加剧了城市热岛效应，使建筑应对极端气候变化的保温、隔热性能难度及成本增加，耗费更多能源，减弱建筑防护功能。相比之下，城市比农村地区面临着更严重的升温以及极端高温的负担与风险。一方面，城市容纳全球大部分人口；由于建筑物、混凝土和其他基础设施阻止了热量流失，城市热岛效应加剧。另一方面，城市人口密度大、空气污染严重、贫富差距大、地理环境特殊等“城市特征”进一步增加城市人口脆弱性。在缓解城市热方面，使用高反射率屋顶材料（high-

墙面绿植

reflectivity roofing materials）可以有效降低建筑的热吸收，进而减少因建筑制冷而产生的大量能耗问题，节约经济成本。此外，屋顶或墙面绿植也是一种降温、节能的有效手段。在极端高温条件下，还可考虑为建筑物设计一个通风可控、绝缘良好的性能，以限制气流从建筑物外围护结构中逸出；通过楔形绿化和城市风廊设置来引入夏季主导风，为城市通风降温，以改善建筑微气候。

屋顶加固

台风暴雨

对于台风和龙卷频发区域，建筑设计考虑的最大风险应是抵御极端风力。因为强台风的风力可以轻易地掀起分段式的屋顶材料并产生风载碎片，这些危险的碎片会对受灾建筑和周围建筑造成二次且更严重的破坏。因此，无论新建筑或既有建筑，皆可采取加固、加厚屋顶甲板等方式避免屋顶吹翻。采用屋顶加固方法，以提供抵御超过一般建筑规范标准的高性能屋顶。风暴经常还会引发洪水，在洪水频发地区的建筑必须更加严格地遵守规范。

据经验，一层平房应该强制设置逃生通道，并设计逃生窗口，让居民可在洪水暴发时逃到屋顶避难。在建筑节能方面，加固建筑屋顶的光伏一体化设备是关键，这是出于对屋顶可持续设计和韧性设计的双重考虑。还可考虑采用防水材料或涂料以减少雨水渗透。

其他极端灾害

野火烟雾对澳大利亚的影响较大，例如 2023 年大火绵延数月，迫使居民在室外空气受影响情况下躲避进室内。如果建筑拥有能力足够的过滤设施，保障高质量持续通风系统则最佳。暴风雪灾的危险性巨大且不可预测，通常需要对建筑设计与室内预防提高要求，如屋顶加固策略是抵御冬季风暴的有效措施；对于低坡度屋顶，需要防止屋顶排水沟附近结冰；对于高坡度屋顶，在设计时应考虑增加阁楼隔热层和密封天花板；对于墙壁处理，可考虑采用绝缘和密封材料，以避免管道冻结；减少室内热损失，特别在断电或供暖中断情况下，确保室内具有适宜的温度。另外，山体滑坡和泥石流对建筑的影响也很大，如 1998 年大西洋最强飓风“米奇”来袭，导致山体滑坡，造成死亡人数 7000 多人；2019 年 3 月山西省临汾市乡宁县枣岭乡卫生院北侧发生山体滑坡，导致 20 人遇难。除了对于建筑选址与加固要求外，在山体滑坡发生时，疏散计划和工作也非常重要。上述气象灾害对于建筑的影响主要体现在物理破坏性质上，因此，在建筑设计过程中需要综合考虑在满足建筑稳定度、物理抗灾的情况下，同时做到建筑节能。

第五章

气候变化对建筑节能设计的影响

建筑节能，其概念源于 20 世纪 70 年代石油危机出现后，是为应对日益增长的能源紧缺和环境污染问题而提出的。在发达国家，该说法已经历 3 个发展阶段：①“建筑节能”（Energy saving in buildings）；②建筑节能往往被称为“在建筑中保持能源”（Energy conservation in buildings），强调在建筑中保持能源、减少热损失；③20 世纪 90 年代后，被普遍称为“提高建筑中的能源利用效率”（Energy efficiency in buildings）。

建筑节能气象参数，是计算室内负荷、确定设备容量的重要依据，是建筑围护结构性能和暖通空调系统整体性能优劣的先决条件。在设计层面，建筑节能气象参数的确定、节能设计标准（如围护结构、采暖空调系统容量以及设备的选型等）的制定皆与气象要素及条件密切关联。

UDC
中华人民共和国行业标准 JGJ
P JGJ/T 346-2014
备案号 J 1923-2014

建筑节能气象参数标准
Standard for weather data of building energy efficiency

2014-11-05 发布 2015-06-01 实施

中华人民共和国住房和城乡建设部 发布

据统计，我国每年新增建筑面积 18 亿～ 20 亿平方米，且住房和城乡建设部每年有近亿平方米的既有建筑节能改造任务。因此，如何使新建建筑建设与既有建筑的节能改造至关重要，其中特别值得关注的一个点就是准确把握全国各建筑气候区的气候特征，然后充分考虑气候变化对建筑节能设计气象参数和设计标准的影响，从而为政府和建筑设计部门提供决策依据。美国及欧洲一些发达国家，在建筑节能方面的发展及相关研究历史悠久，具有较为完善的政策法规和技术标准，并且他们非常注重建筑节能设计和技术应用。近年来，我国也非常重视建筑节能，并出台了多项政策措施和技术标准。

以下是影响建筑内部的 4 个重要因素，包括太阳辐射、室外风环境、室外气温和室外湿度。

第一节　太阳辐射

太阳辐射是影响建筑内部的重要因素，并且是室内环境的直接热扰源。冬季，太阳辐射有利于提高室内的温度，减小供暖负荷；夏季，太阳辐射使室内温度显著升高，增大空调设备的负荷。

对于不同形式的围护结构，太阳辐射对建筑热环境的影响过程不同。金属、砖石、混凝土等材料为不透明围护结构，对太阳辐射透过率为０；而由玻璃和一些透光化学材料等构造的围护结构，对太阳辐射透过率是介于０～１的，被称为半透明围护结构。首先，照射在建筑不透明围护外表面上的太阳辐射一部分会被反射掉，剩余一部分被围护外表面吸收，导致

充分利用太阳辐射能的会议室

建筑围护外表面温度升高，并通过传热影响室内环境。其次，照射在建筑半透明围护结构上的太阳辐射有一部分被反射掉，不会成为房间热源，另有一部分则会穿过半透明围护结构，直接进入室内被围护结构内表面、家具、空气所吸收；剩下一部分则被半透明围护结构吸收提高其本身温度，并通过导热和长波辐射换热影响室内热环境。由此可见，太阳辐射对建筑耗能的影响与太阳辐射能够照射到建筑的外表面多少及外表面透明度有关。

自 1990 年以来，我国太阳总辐射量总体呈现下降趋势，其平均降幅为 1.833 兆焦 /（米 ^{2} · 年）。其中，西北地区全年太阳总辐射量高于东北、中东部和南方大部分地区；华北、东北和西南地区太阳总辐射量下降趋势显著，西北地区增加趋势明显，华南大部分地区则无明显变化。对于建筑来说，虽然太阳辐射存在一定变化，但是太阳辐射吸收系数能改变外表面对太阳辐射的吸收程度，其最直接的效果体现在室内温度上，增大外墙外表面太阳辐射吸收系数，会增加建筑外表面温度，从而增大建筑得热，导致室内温度升高；相反，减小外墙外表面太阳辐射吸收系数会减少建筑得热，降低室内温度。这也就意味着，增大太阳辐射吸收系数可以降低采暖能耗，但却增大夏季的空调能耗，产生“反节能”效应。从全年能效性角度来看，合理利用和选择外表面的热性能来提高建筑整体节能效果对于全年能耗来说十分重要。由此可见，在建筑设计和建设时，需要充分考虑当地气候条件和使用需求，选择适当建筑材料以达到最佳热舒适度与节能效果。与此同时，需要考虑不同季节、不同气候条件，结合建筑能耗及室内热环境进行模拟研究和优化设计。

第二节　室外风环境

风环境是空气流在建筑内外空间的流动状况及其对建筑使用的影响，是建筑环境设计中的一项重要内容。风环境设计分为自然通风和机械通风。自然通风以其节能无污染的特点具备积极的意义。自然通风的形成是靠热压（温差）和风压。虽然其风速和风向不可预测，但由于具有节能、维护方便及保养费用低等优点，自然通风是调节室内小气候优先使用的方法。自然通风是一种古老、节能的通风方法。它是改善室内空气品质的最基本方法，也是增强室内热舒适的方法之一，更是减低建筑空调负荷的免费措施之一（图 5–1）。

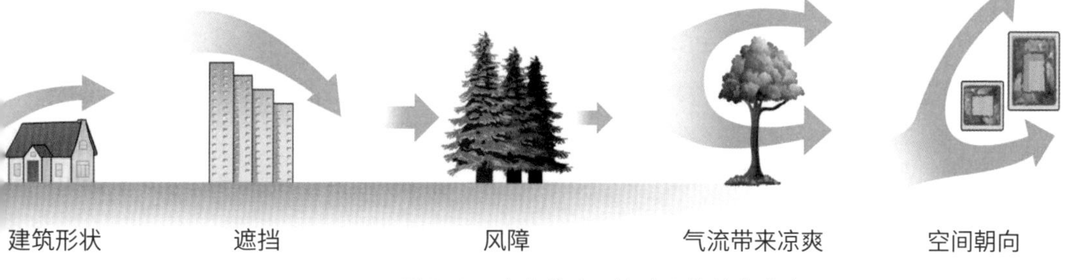

图 5–1　建筑周边环境对自然风的影响

1961—2022 年，中国平均风速总体呈减小趋势，平均每 10 年减小 0.14 米 / 秒（图 5–2）。20 世纪 60 年代至 90 年代初期为持续正距平，之后转入负距平；但 2015 年以来出现小幅回升。2022 年，中国平均风速较常年值偏小 0.09 米 / 秒。风速减小的原因来自自然和人类强迫两大方面。自然原因即气候系统内部的相互作用，包括近几十年东亚冬季风和夏季风的减弱，中国南海夏季风强度减弱，南亚夏季风减弱，寒潮频数减小，沙尘暴

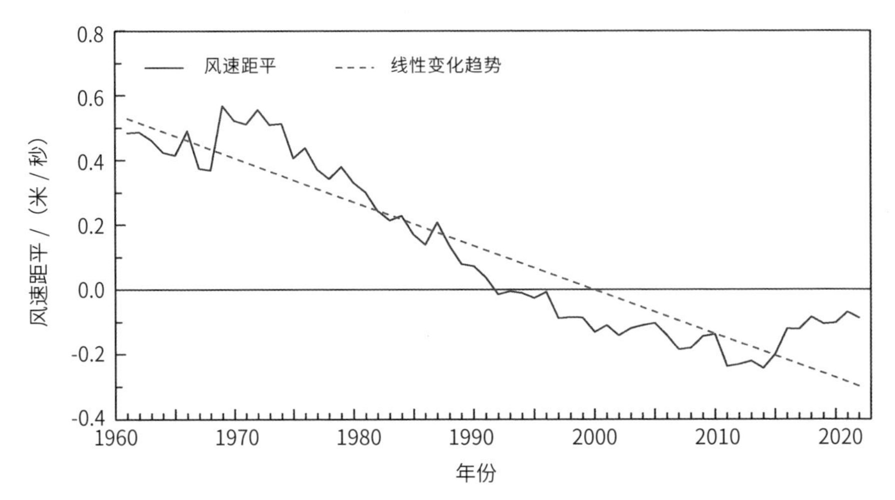

图 5-2　1961—2022 年中国平均风速距平变化

频数减小，以及东亚温带气旋频数减小。人类强迫主要包括城市化效应，土地利用变化，人类排放导致的全球变暖，以及风电场效应等。在风速总体上降低的室外环境条件下，建筑选址时，要根据周边环境的综合状况来确定，比如气候、地形、周边遮挡物等，它们能够引导或阻挡自然风的形成，对自然通风的影响较大。建筑在不同的选址地块上风的流动情况是不同的，使建筑内外热压和风压不同，这将影响建筑内部的温度和内外气候环境，形成不同的自然通风状况。比如，对于好的选址，夏季穿堂风可加快建筑散热，使得室内凉爽，同时达到建筑节能与舒适性的双重效应。因而，建筑物选址一般都在周围开放性空间比较大的环境内，如临近公园、连通大广场、毗邻湿地等。因为这些优势环境能够为室外的自然风提供良好的气候环境条件，以形成有利的自然通风状况。总体上讲，我们应根据不同地区环境选择不同的建筑空间规划布局形式，以增加或减少自然通风流量，形成优化的微气候环境，即通过充分利用自然风，以达到建筑节能目的。

根据主导风向确定建筑朝向

此外，建筑应参考当地主导风的风向、风速等来确定朝向。建筑物迎风面最大的压力是在与风向垂直的面上。因此，在确定建筑朝向时，应使建筑主立面尽量朝向夏季主导风向，而侧立面尽量朝向冬季主导风向，如此可形成“穿堂风”，增大建筑物在迎风面与背风面的空气压力差，形成室内空气流动，促进散热。冬季可以减弱迎风面与背风面的空气压力差，减少室内空气流动，有效保存室内热量，从而达到居室的舒适性及建筑节能效果。

第三节　室外气温

在建筑能耗中，室内采暖、空调能耗所占比例较大，大约有 2/3。建筑物采暖、空调系统能量的消耗量取决于建筑的采暖和空调负荷的大小，涉及围护结构（墙体、屋顶和外窗等）的负荷、室内负荷以及新风系统负荷等多方面。影响建筑物采暖及空调负荷的因素很多，一方面是建筑物本身，如建筑围护结构、体型系数等因素；另一方面在于提高设备使用效率。除此之外，室外气象参数对建筑采暖及空调负荷的影响较大，特别是气象参数中的室外温度值对建筑空调系统能耗影响。在建筑暖通空调节能设计中，基于温度的室外计算气象参数是必要的基础气象条件。根据《暖通规范》，在采暖空调工程设计中必须考虑某地区的室外计算温度，主要包括冬季空调室外计算温度、供暖室外计算温度、夏季空调室外计算干球温度和湿球温度以及夏季通风室外计算温度等室外温度类参数，以确定暖通空调系统设备容量与负荷。

暖通空调（HVAC）

供暖、通风和空调系统，满足室内环境达到人体舒适及工艺需求。

供暖　向室内供热，加热室内空气

通风　送风和排风，稀释和置换空气

空气调节　供冷或供热，调节空气品质

受气候变化影响，我国不同建筑气候区建筑节能设计室外温度类参数（以采暖空调为主）发生一定程度改变。气候变暖背景下冬季供暖、冬季空调及夏季空调室外设计气象温度均显著升高，但冬季升高幅度明显高于夏季。比如，与 1961—1990 年相比，1981—2010 年严寒地区的哈尔滨和寒冷地区的天津供暖室外计算温度分别升高 1.4℃、1.5℃，冬季空调室外计算温度明显上升，但不同建筑气候区的变化幅度明显不同，哈尔滨升

高 1.7℃，上海升高 1.0℃、天津升高 0.9℃。冬季供暖室外计算温度和冬季空调室外计算温度升高，可用于降低供热系统容量，尤其是在严寒地区的降幅最为明显，在设计中应充分考虑，有利于冬季供热节能。

研究显示，在气候变暖背景下，夏季空调室外计算温度呈现明显升高趋势，然而各个地区的变化幅度存在差异。与 1961—1990 年相比，1981—2010 年位于夏热冬冷地区的上海升高 1.3℃，夏热冬暖地区的广州升高 0.9℃，寒冷地区的天津和严寒地区的哈尔滨仅分别升高 0.6℃和 0.4℃。根据夏季室外空调逐时计算温度，各个城市的升温时段不尽相同。如哈尔滨和天津差异最大时段是 03:00—05:00，但因这些时段内空调通常处于关闭状态，导致其变化对空调负荷造成的影响不大。上海最大差异发生在 14:00（达到 2.4℃），此时因空调正处于正常运行峰值阶段，空调设计温度的升高将对夏季空调设计负荷产生显著影响，即急需提升夏季空调设计负荷，以应对峰值运行安全和提升室内热环境舒适度（图 5–3）。

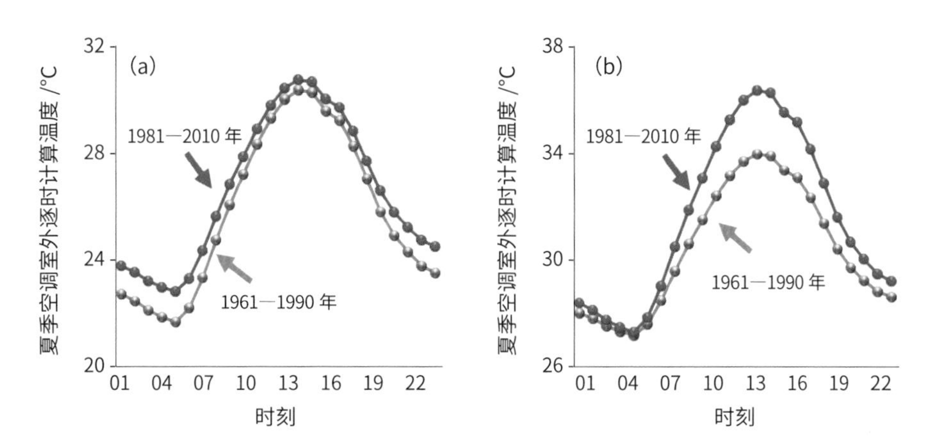

图 5–3　1961—1990 年和 1981—2010 年哈尔滨（a）和上海（b）一天 24 小时夏季空调室外设计温度变化

第四节　室外湿度

湿度是影响建筑物环境质量的重要因素之一，会影响室内空气的干湿程度，进而影响人体的舒适度和建筑材料的性能。在潮湿的环境中，建筑物内的材料和家具容易受潮，导致变形、开裂、生锈等问题，同时也会增加白蚁等虫害的滋生。而在干燥的环境中，建筑物内的材料和家具容易产生静电和火灾隐患。因此，建筑物的湿度环境需控制在适宜的范围内，以确保建筑物的使用舒适度和长期耐久性。通常，建筑物的湿度来源主要有两个：外部环境和内部环境。外部环境中的水蒸气通过建筑物的门窗、通风口等进入建筑物，与室内空气混合，形成湿度较高的室内环境；而内部环境的湿度主要来自建筑材料、家具等材料的吸湿、放湿作用。

目前，建筑室内调节湿度一般采用空调系统，通过降低或增加室内湿度来提高舒适度。在潮湿的天气或梅雨季节，使用空调除湿功能可以有效降低室内湿度，使室内环境更加舒适。除湿模式下，室内机的风扇运转速度较慢，空气中的水汽在经过蒸发器时凝结成液体然后排出，从而达到除湿的效果。空调除湿的温度设置通常在 25 ～ 28℃是比较合适的，这个温度范围既可以保持舒适的室内环境，又不会使室内外温差过大。除湿模式通常以较低的功耗运行，适用于温度不是特别高、湿度不是特别大的情况下，既能保证身体舒适又不至于太冷。在天气又热又潮的情况下，如“回南天”时，采取科学合理的空调除湿模式设

回南天

又名“返潮”，是对中国南方一种天气现象的称呼，通常指每年春天时，气温开始回暖而湿度猛烈回升的现象。即当“回南天”出现时，空气湿度接近饱和，到处是湿漉漉的景象。

计，充分利用空调的除湿功能，可为人们更加舒适、健康和环保的室内环境提供有效保障。

从空调发展来看，温湿独立控制的空调系统技术迅猛发展。与传统空调系统相比，温湿独立控制的空调系统不但可以节约能耗，还可以提升室内热环境舒适度，其设计需要室外温度和湿度共同作为基础参数。在气候变化背景下，温度、湿度均发生明显变化。以中国为例，各个气候区内的城市温度均呈现显著升高，但除个别城市外，其余城市湿度呈现明显下降趋势。受此影响，与 1961—1990 年相比，1971—2017 年我国各主要城市的降温负荷升高 1.8% ～ 10.0%，而除湿负荷降低 0.8% ～ 7.0%，当综合考虑降温和除湿负荷两种因子时，此两个时期内总的夏季负荷变化幅度达到 –1.5% ～ 4.1%（图 5–4）。由此可见，在当前气候变化背景下，我们需综合考虑温度、湿度的联合影响效应，并适当调整空调系统设计容量。特别是在应用温湿独立控制空调系统时，需将各城市的温、湿情况及其过去、未来变化特征进行综合考量。

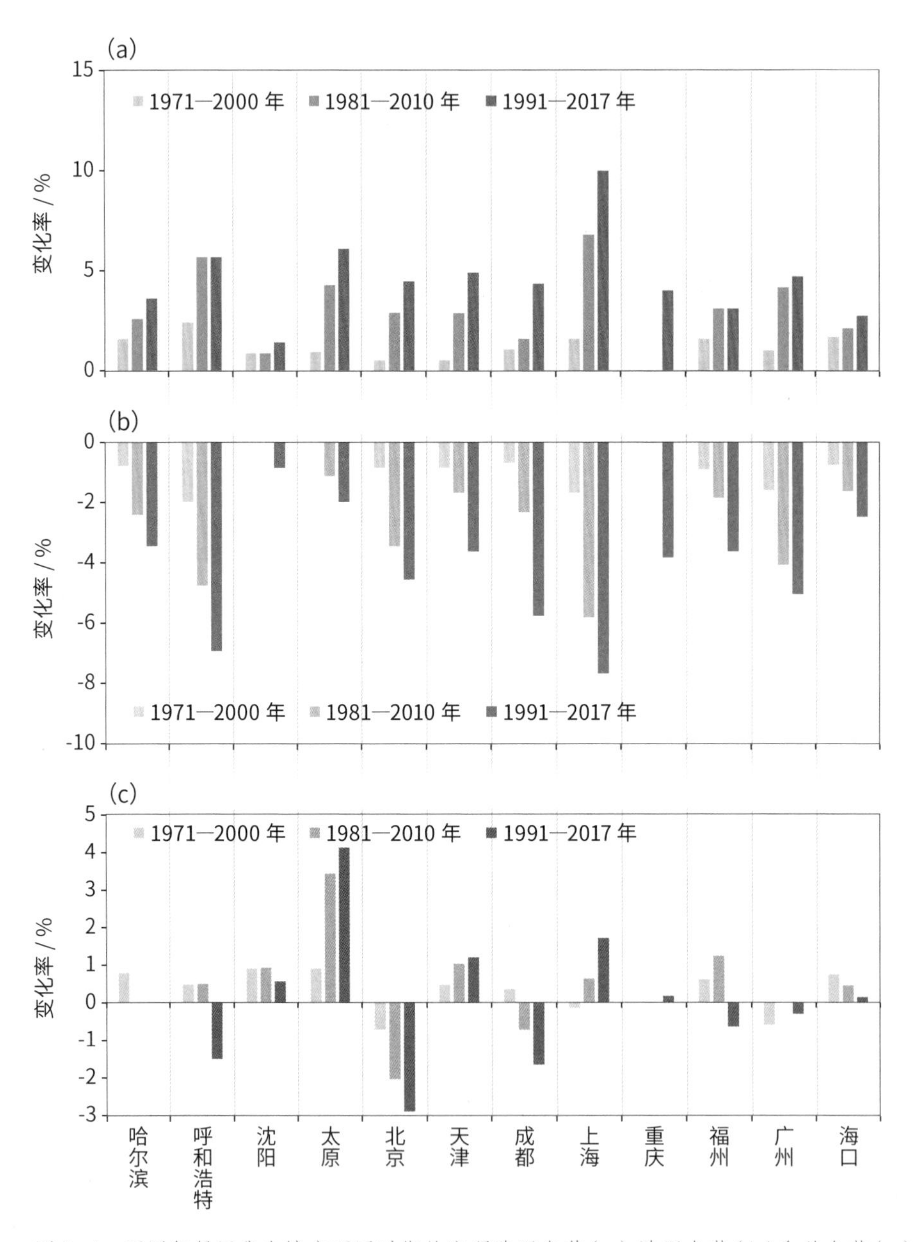

图 5-4 不同气候区代表城市不同时期的空调降温负荷(a)、除湿负荷(b)和总负荷(c)

第六章 气候变化对建筑能耗的影响

在全球气候变化的诸多影响中，气候变暖对能耗的影响尤为受到关注。这是因为气候变暖不仅能改变能源消耗，同时影响能源消耗过程中的大气污染物排放过程。因而，能源与气候和气候变化的关联是当今世界各国政府与学者所关注的热点问题之一。

建筑能耗，即建筑使用能耗，通常包括采暖、空调、热水供应、照明、炊事等方面的能耗。其中，建筑采暖、空调能耗约占到 60% ~ 70%。一方面，建筑能耗的快速上升与经济的快速上升有关。随着经济社会发展和人民群众生活水平提高，人们在室内停留时间明显加长，且对生活居室、办公环境和公共场所的环境温度适宜度的要求越来越高，导致能耗不断升高。另一方面，能耗增加与气候变化有直接关联。气候变化改变了室外气候条件，从而极大地影响到采暖和空调能源的利用。在气候变化背景下，如何提升建筑用能效率成为国内外相关部门和学者普遍关注的问题。

我国作为发展中国家，近几十年内的建筑能耗需求在不断提升。特别是随着经济飞速发展与快速城市化进程，我国建筑业在能源消耗方面扮演起愈来愈深刻的角色。有关统计数据表明，中国的建筑运行当量用电总量已经与美国接近，但建筑运行人均当量用电较低，约是美国、加拿大的 1/5，日本、韩国和欧洲等国的 1/3（图 6–1）。中国与欧美发达国家建筑运行能耗强度的差异主要来源于使用者行为和生活方式的差异。中国的建筑用能设备多以“部分时间，部分空间”的模式运行，不同于欧美发达国家建筑设备“全时间，全空间”的使用模式。考虑中国未来建筑节能低碳发展目标，中国需要走一条不同于目前发达国家的发展路径，这对于中国建筑领域的低碳与可持续发展将是极大的机遇和挑战。

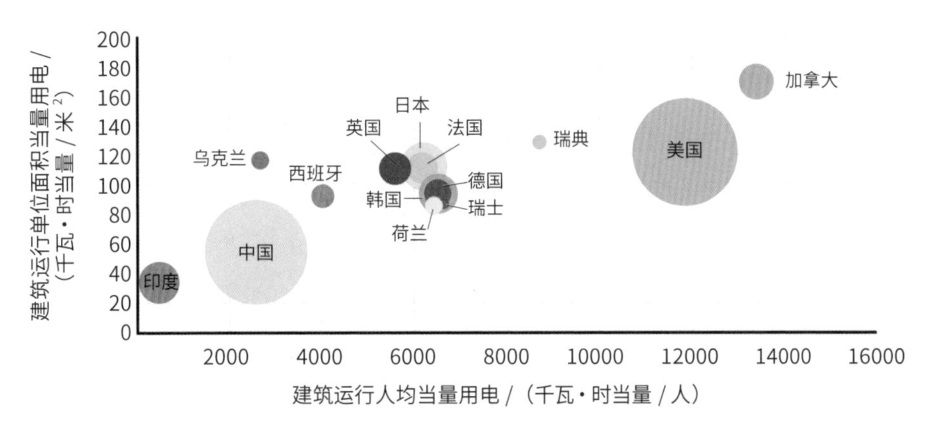

图 6-1　2020 年各国建筑运行能耗对比

（各国建筑能耗计算采用当量电力法，根据各类能源的发电能力按照统一的基准值将其转换为当量电力，圆圈面积表示各国建筑运行当量用电总量）

第一节　气候变化对建筑制冷供暖能耗的影响

目前对于气候变化对建筑制冷供暖能耗的影响研究，通常是基于建筑能耗模拟软件所建立的建筑原型模型，将未来不同气候情景下的干球温度、湿球温度、相对湿度、太阳辐照度等气象参数输入，进而分析气象参数变化对取暖、制冷及总的建筑能源需求的影响。目前，BLASTs、DOE-2、ESP-r、DesT、Energy-Plus 及 Design Builder TM 等建筑能耗模拟软件被广泛用于建筑原型模型构建，输入参数包括建筑的面积、层数、建成年代、采用的制冷技术和取暖技术、建筑框架、外墙所用材料、室内装饰及各种建筑终端用能技术等。现有研究通常使用 A1F1、A2、B1、A1B 和 RCPs 情景作为气候变化情景。其中，A1F1 和 A2 情景是 IPCC 第四次评估报告温室气体排放的基准情景。

国内外学者们在气候变化对建筑制冷供暖方面做了很多研究。总体上，在不同气候变化情景下，大型公共建筑制冷能耗将增加 70%，取暖能耗将减少 50%。从不同地区来看，在高山地区，供暖能耗将下降 16% ～ 25%（取决于气候变化的程度）；在地中海地区，供暖能耗的变化不会很大；夏季不论制冷还是供暖能耗的增多都较为显著。从影响因子来看，在不同气候条件下，月冷负荷和年冷负荷对气候变化的响应存在明显差异。影响月冷负荷的主导因子随气候区由严寒向炎热的变化而由干球温度向湿球温度转变。在严寒气候条件下，年冷负荷主要受干球温度的影响，而在其他气候条件下，湿球温度占主导地位。从建筑用关键设备来看，受全球气候变化的影响，暖通空调系统能耗的增长尤为显著，如美国地区暖通空调系统能耗占建筑能耗的 50%、总能耗的 20%。

在全球变暖背景下，近半个世纪以来我国以不同气候区典型城市的建筑供热能耗均呈现显著下降趋势，但变化幅度存在明显差异。如哈尔滨的降幅最大，而上海、天津的变化幅度较为相似。总体上，气候变暖明显降低了冬季供热能耗，而且不同气候区均呈现出一致的变化趋势。新建建

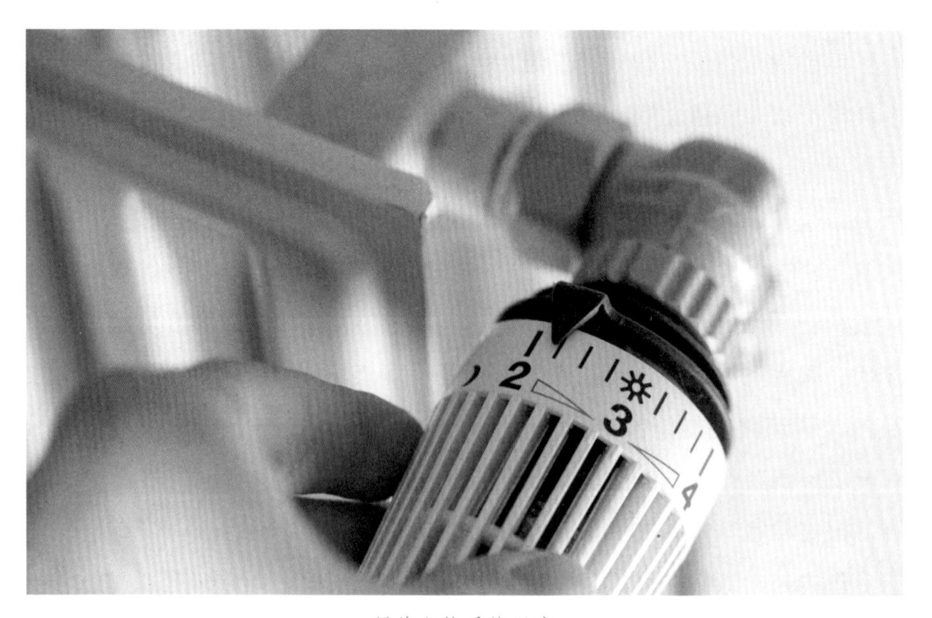

调节空热系统温度

筑供热系统设计应充分考虑气候变暖的影响，根据各气候区气候变暖对建筑供热能耗的影响降低供热系统设计容量，避免供热系统“大马拉小车”，以及多数情况下设备选型偏大、长期在低效区间运行等现象，以此充分利用供热节能、降低建筑总能耗。

我国不同城市的制冷能耗与气象要素的相关性存在差别。例如，哈尔滨城市气候变暖仅增加了哈尔滨的制冷能耗，而上海、天津城市的制冷能耗并没有显著增加，广州城市则呈现弱的下降趋势。通过分析室外气候条件与建筑制冷能耗的关系，发现制冷能耗的控制因子在我国不同建筑气候区不同：哈尔滨会受到平均温度的影响；天津、上海和广州的制冷能耗则受湿球温度的影响（即温度和湿度的共同影响），而单一温度的升高却并未显著增加制冷能耗。图 6-2 进一步分析制冷能耗与干球温度及湿球温度的相关性，揭示了哈尔滨在整个空调季的制冷能耗与干球温度存在显著相关性，然而其他 3 个城市皆与湿球温度有显著相关性。通过细化逐月相关

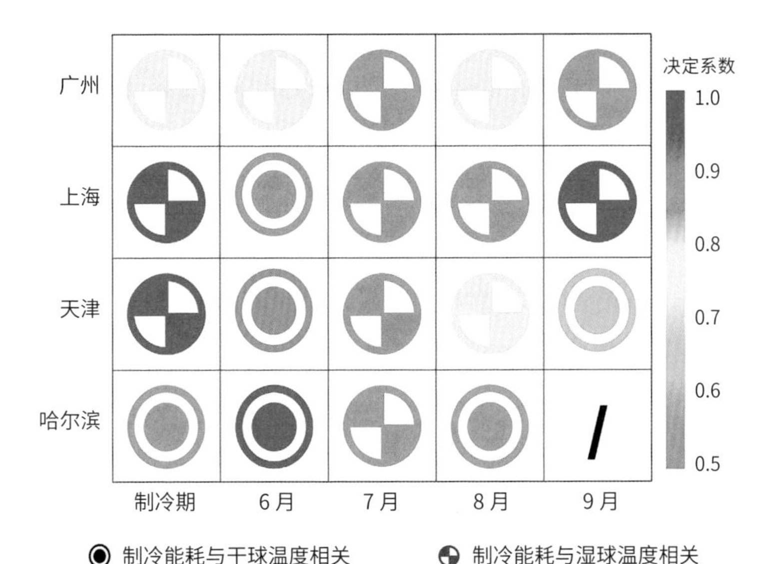

图 6-2　广州、上海、天津、哈尔滨城市制冷能耗与气象要素的相关性对比

性分析结果，哈尔滨 6 月、8 月制冷能耗与干球温度相关，7 月制冷能耗与湿球温度相关；天津 6 月、9 月制冷能耗与干球温度相关，7 月和 8 月制冷能耗与湿球温度相关；上海除 6 月制冷能耗与干球温度相关外，其余各月份的制冷能耗均与湿球温度相关；广州各月制冷能耗与湿球温度皆相关。除此之外，随月份变化，不同城市的制冷能耗量与干、湿球温度的相关性呈现很大差异。从严寒地区到夏热冬暖地区，湿度对制冷能耗的影响越来越大。夏季制冷能耗不仅要考虑温度的影响，也要充分考虑湿度。因此，在制定建筑制冷能耗对适应气候变化对策时，需综合评估不同气候区内不同城市的制冷能耗对气候变化背景下各种制约因子的响应及各因子的变化特征。

第二节　气候变化对建筑极端供热制冷能耗的影响

从哈尔滨、天津、上海、昆明、广州等不同建筑气候区的代表性城市来看，极端供暖能耗日数基本呈下降趋势，而极端制冷日数并没有明显的变化。极端供暖能耗主要受温度的影响，而极端制冷能耗受多气候因子的影响。尤其值得注意的是，从寒冷气候到炎热气候，温度对制冷能耗的影响减弱，而相对湿度和太阳辐射的影响增加。因为极端能耗主要与办公建筑供暖空调系统的最大设计容量有关，供暖系统最大设计容量可以适当降低，而空调系统最大容量并没有因气候变暖而显著增加。但是需要同时关注各个城市的日内设计负荷的不同时刻变化，特别是不同城市用于降湿和除湿能耗的变化特征。

2021 年 7 月，受西北太平洋副热带高压北抬影响，东北多地遭遇罕见的高温考验，黑龙江 7 月下旬平均气温为 25.7℃，比常年高 3.7℃，为

1961年以来历史同期最高。与常年同期相比，全省各地气温均高于常年，大部地区气温偏高2℃以上，其中，伊春大部、哈尔滨东部、三江平原、牡丹江偏高4℃以上。这样的天气直接刺激了当地空调需求激增，黑龙江的空调卖到脱销。

2022年6—8月高温天气过程的综合强度为1961年有完整气象观测记录以来历史同期最强。在此期间，全国有超过350个国家级气象观测站的日最高气温突破了历史极值；各省份中，四川突破历史极值的站点数量最多，达到了101个，其中四川简阳突破高温极值次数高达11次。7月21日至8月30日是南方地区2022年夏季高温的最强时段，在高温强度和持续性上均远超前两次。在此期间，四川、湖北、浙江、江西、重庆、江苏、福建、贵州、湖南、陕西等省（直辖市）共294个国家气象观测站的日最高气温突破历史极值；四川德阳、遂宁更是连续6天突破历史极值。

因为高温导致干旱，上游来水锐减，原本水电资源全国第一的四川，2022年8月14日起在全省范围内实施企业"让电于民"的政策。从8月15日开始，多数成都市民陆续居家办公，原因是工作单位限制用电，关闭空调和照明。截至8月18日中午，至少有20家上市公司发布了因四川有序用电政策而停产的公告。

2023年夏季（6—8月），全球陆地平均气温15.2℃，较同期气候平均偏高0.6℃，为1961年以来气温第三高的夏季。欧洲西部、中亚到我国西北大部、加拿大和美国北部气温普遍偏高1～2℃，尤其是加拿大北部偏高2～4℃，局部偏高4℃以上。我国平均气温为22.0℃，较常年同期偏高0.8℃，为1961年以来历史同期第二高，仅次于2022年夏季（22.3℃）。北京、河北、海南、新疆气温均为历史同期最高，天津、山东为第二高，山西、宁夏、广东、云南为第三高。持续高温天气引发多地用电负荷创新高。据北极星输配电网不完全统计，为保障迎峰度夏电力保供工作，2023年，浙江、安徽、宁夏、广东、云南等 17 个省（自治区）发布迎峰度夏政策以应对电力供需问题。2024 年国务院办公厅先后发布《加快推动建筑领域节能降碳工作方案》和《2024—2025 年节能降碳行动方案》。聚焦建筑节能提出详细的工作方案，对实现碳达峰碳中和、推动高质量发展意义重大，促进经济社会发展全面绿色转型。

第三节　未来气候变化情景下能耗预估

根据国家标准《建筑结构可靠度设计统一标准》（GB 50068—2018），普通房屋和构筑物设计使用年限为 50 年，纪念性建筑和特别重要的建筑结构设计使用年限为 100 年。而目前来看，建筑暖通空调系统设计均是以过去 30 年气候条件或计算得到的气象参数作为依据，其系统容量或者供热制冷运行难以适应未来气候条件，必然造成供热系统的偏大、制冷系统的偏小，一方面影响节能，另一方面增加运行风险。

研究未来气候条件下的建筑能耗变化，有利于建筑更好适应未来气候，提升建筑节能降碳及建筑室内热舒适水平。为了促进建筑节能降碳，全球不同地区学者及建筑工程人员基于气候指标（如冷暖度日数）、能耗模拟等方法评估未来气候条件下建筑能耗情况。研究区域涵盖了亚洲、美洲、欧洲等，建筑类型也涉及到商场、办公、居住、医院等，基本上得出一致的结论，即未来气候条件下建筑供暖能耗升高，制冷能耗降低，但不同气候区之间存在较大差异。

未来气候变化情景下不同建筑的能耗差异研究得到广泛关注。以天津市为例，对于商业建筑，由于受气候变化的影响，2011—2100 年低强迫与中强迫两种强迫情景下的供热负荷均显著减少，而冷负荷则呈现显著增加。与低强迫情景相比，中等强迫情景在不同时期的能源消耗变化更

天津景观

大。未来 90 年，特别是在中强迫情景下，总能源消耗明显增加。2011—2100 年，所有住宅建筑的供热负荷都有明显的下降。特别是，从第一阶段到第三阶段的节能建筑，未来供暖能耗的下降速度放缓。另外，随着节能标准的提高，2011—2100 年两种强迫情景下的热负荷差异逐渐减小。对于天津市办公建筑而言，预测 2011—2100 年热负荷呈显著的下降趋势，而冷负荷显著上升，冷负荷上升的幅度高于热负荷下降的幅度，导致总能耗呈微弱的上升趋势。

对我国未来不同气候区居住建筑能耗进行模拟，得出未来不同气候区居住建筑能耗的变化规律，其中包括单位面积供暖能耗减少、空调能耗增加、总建筑能耗增加等，研究表明，减少建筑空调能耗是未来建筑节能的重点。许馨尹等（2018）预测出 2050 年西安市的气象参数，并对高层住宅建筑和办公建筑分别进行能耗模拟，认为到 2050 年，西安市能源结构发生变化，供暖能耗出现减少的趋势，制冷能耗明显增加；对于高层住宅，制冷能耗与供暖能耗变化基本持平，总能耗无明显上升或下降趋势；高层办公建筑以制冷能耗为主，总能耗大幅度增长；因此合理优化建筑布局，对不同建筑采取有效制冷措施，或可有效缓解未来大幅增长的建筑能耗需求。Salata 等（2022）使用制冷度小时来估算建筑的制冷能量需求，并对 2000—2050 年及 2000—2080 年 RCP4.5 和 RCP8.5 强迫情景下建筑能耗进行预估，认为未来几十年意大利波河流域（北部）和沿海地区（南部）将受到极端高温的影响，随之而来的是建筑制冷能耗的增加，这些地区也是意大利人口最密集的区域。Ciancio 等（2020）研究全球变暖对欧洲不同地区气候的相对影响，比较了位于 19 个不同纬度和柯本等级城市的假设住宅的当前和预计未来能源需求，结果表明，2000—2080 年平均气温的逐步上升导致供暖能耗普遍减少，制冷能耗大幅增加，未来地中海盆地将比欧洲其他地区制冷能耗增幅更大。Morakinyo 等（2019）研究了中国香港地区未来的建筑能耗，认为到 2050 年全香港平均气温和极端热浪频率的增加会引起未来香港地区建筑制冷能耗的大幅度增加，因此加快老旧建筑翻新、严格规划建筑类型和建筑朝向、加强从建筑主体到城市尺度的绿化等是应对未来制冷能耗增加的良好手段。

> **柯本（Köppen-Geiger）等级城市**
>
> 依据 Köppen-Geiger 气候分类中干旱、温带、大陆、极地等气候特征与能反映城市化进程的碳排放属性来划分等级的城市。

从国内外多项研究可以看出，不同气候区未来供热制冷能耗变化幅度有明显的差异，在新建建筑暖通空调设计中应该给予充分考虑，以更好地应对未来气候变化，提高室内环境舒适度的同时，促进我国建筑节能减排。

第七章 城市热岛效应对建筑能耗的影响

目前，超过 50% 的世界人口居住在城市。随着人口大量涌入城市，人为活动增多，大量农业用地转化为城市用地，各大城市群逐渐形成，快速发展的城市化进程引发了城市热岛效应。城市热岛对建筑能耗产生了巨大影响，尤其是建筑的冷热能耗受热岛效应的影响极为明显。城市热岛强度空间分布呈非均质性，造成城市和乡村的能耗需求有着一定的差别。总体上城市热岛效应使建筑供暖能耗下降、制冷能耗增加。全球不同代表城市热岛效应使供暖能耗下降幅度为 3% ～ 45%，而使制冷能耗增加幅度为 10% ～ 120%。在气候持续变暖背景下，受城市热岛效应叠加频发的极端天气气候事件影响，大城市建筑供暖和制冷等所需的能源消耗将日益增长。

第一节　城市热岛变化特征

城市热岛效应指城市中的气温明显高于外围郊区的现象。在近地面气温图上，郊区气温变化很小，而城区气温形成的高温区就像凸出海面的岛屿，因此形象地称之为城市热岛效应。有报道指出，全球城市过热的大城市在 400 个以上。随着中国城市化进程的快速发展，城市热岛现象愈加严重，特别在大城市群中（图 7–1）。近 50 年中国城市热岛效应占气候变暖的贡献约为 30%，城市热岛效应对日最高、最低气温等极端气温指数均有影响。

我国大部分城市的热岛特征都表现为：热岛强度夜晚大于白天、冬季大于夏季，整个城市热岛的走向和大小与建城区一致，表明城市增温效应与城市人口数量和城市化进程有关。比如我国北方的天津市，热岛强度就表现出秋冬强、春夏弱的特征（图 7–2）。城市内部绿地和水体对热岛强度的升高具有明显的缓解作用。在我国南方的深圳市（图 7–3）热岛强度高的地区也集中在城区，并受到绿地和水体的影响。

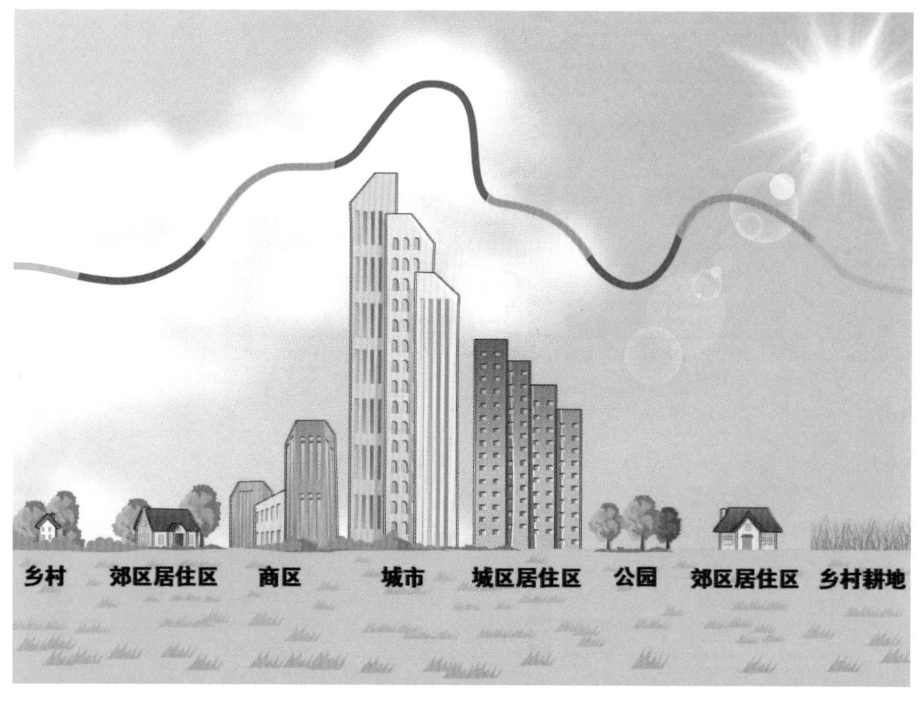

图 7-1　城市热岛效应集中于大城市群

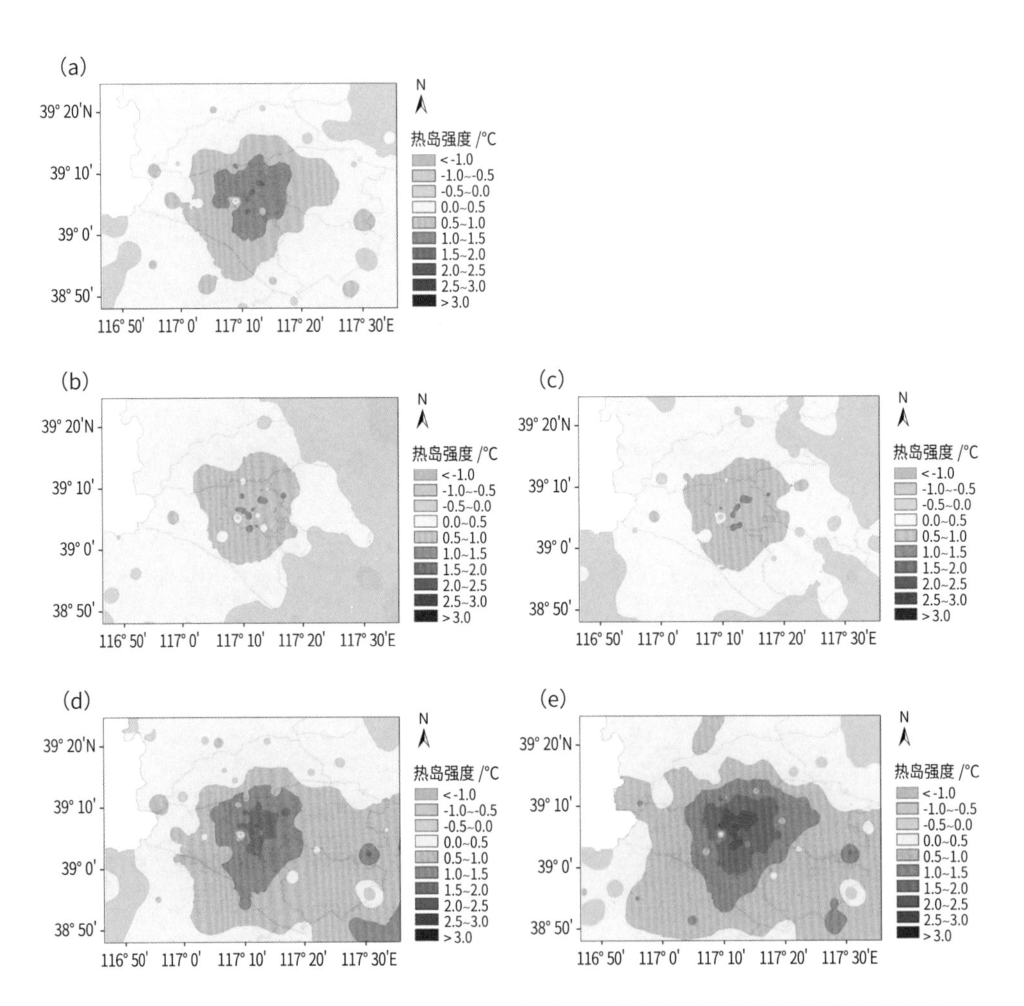

图 7-2 天津市 2009—2017 年全年（a）、春季（b）、夏季（c）、秋季（d）和冬季（e）城市热岛强度的空间分布（孟凡超 等，2020a）

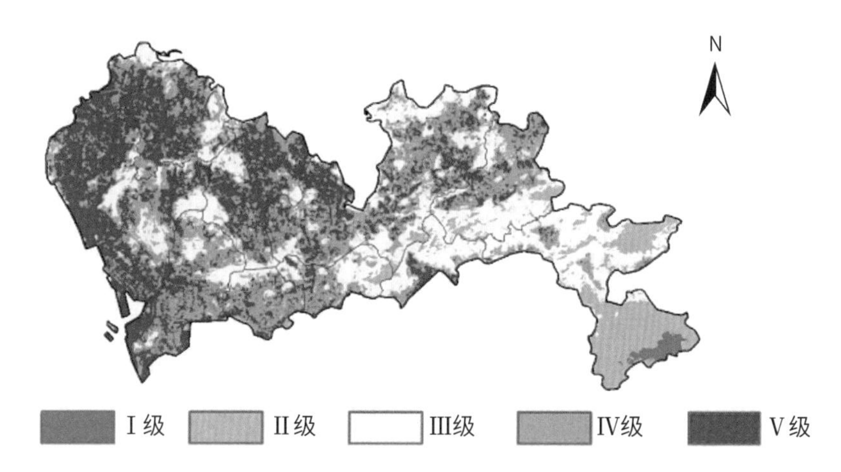

图 7-3　2019 年深圳市热岛强度空间分布（Ⅰ级最低，Ⅴ级最高）（宋春蕊，2023）

总体上，城市热岛效应的形成改变了城市局地微气候，使得城市地区温度升高，进一步加重空气污染。与此同时，复合型高温热浪等极端天气气候事件的频发也与城市热岛效应相关。主要表现为城市热岛效应加热作用加剧了城市极端高温的发生，从而加重了城市灾害的破坏性。目前，城市热岛效应已然成为城市气候最为显著的一个特征，是 21 世纪全球面临的重要生态环境问题。

第二节　城市热岛效应的影响因素

工业革命推动了城市化进程，使城市人口不断增长，城市区域不断扩张，人为热排放持续升高，导致了大气与地面和水面的交界面性质发生了剧烈的变化，从而升高了城市气温、形成了城市热岛效应。街区作为城市的基本组成单元，其微气候的产生由自然因素和人为因素共同影响（图 7–4）。

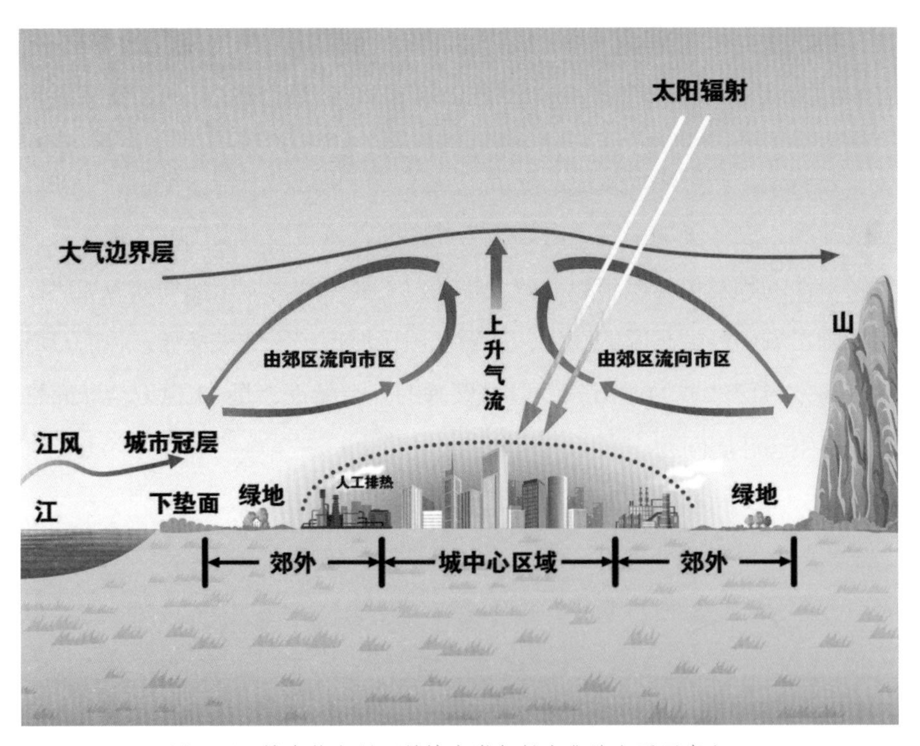

图 7-4　城市热岛循环是城市微气候变化的主要因素之一

下垫面

下垫面的热特性和空间结构是影响城市热环境的主要因素之一。岩砖地面、混凝土地面全天对空气的增温效果明显；水体白天对空气起降温作用，夜间起增温作用，全天对空气的增湿效果显著；白天树荫对人行高度处空气温度的降温作用明显，夜间降温效果不明显；夜间草地的降温效果显著等。

绿地

绿地可以降低夏季空气温度。随着城市绿地面积的增加，无论分散型或集中型布局，都在一定程度上使城市气温降低、湿度增加、平均风速增大、热岛强度减弱、空气污染物扩散能力增强。

其他因素

此外，城市中建筑群、人类活动等多种因素均对城市微气候产生影响，影响到建筑周围的微气候，最终影响到建筑能耗及室内环境。街区微气候、建筑周围微气候和建筑三者之间相互作用、相互影响（图 7–5）。

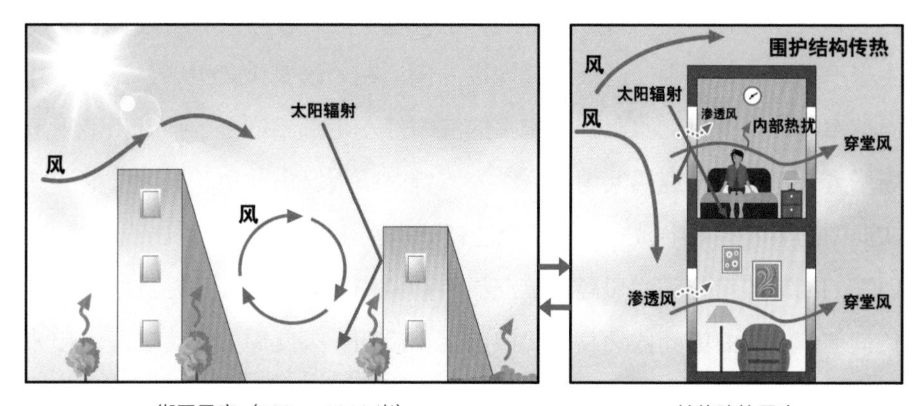

图 7–5　城市街区微气候、建筑周围微气候和建筑之间的相互作用关系示意图（杨小山，2012）

第三节　城市热岛效应对建筑能耗的影响

研究城市热岛效应对建筑供暖和制冷能耗的影响对节能减排、防治空气污染具有重要意义。对全球各代表城市的研究结果表明，城市热岛效应使供暖能耗减少、制冷能耗增加。Santamouris（2014）综述了全球不同气候区城市热岛和气温变化对典型建筑能耗的影响，得到1970—2010年典型建筑用于供暖和制冷的平均能耗增加了11%的结论。在不同季节，城市热岛强度表现不同，从而使建筑能耗具有不同特点。

城市热岛效应在冬季强于夏季，导致冬季供暖能耗减少而夏季制冷能耗增加。比如天津地区供暖期（11月中旬至次年3月中旬）城市和乡村供暖负荷变化趋势一致，城市始终低于乡村。制冷期（6—9月）城市和乡村差别相对较小，城市制冷负荷较高

全球气候变化加剧了极端气候事件的发生。近几十年来，极端高温热浪事件的强度、频率和持续时间不断增加，并且影响区域不断扩大。高温热浪频发并与城市热岛效应叠加趋势越来越明显，并对大城市建筑能耗产生了严重影响。其中，以京津冀地区为例，在气候变化背景下，该地区升温速率高于全国平均水平，近年来热浪事件发生频率增多、强度和范围不断增大，是我国高温热浪重灾区之一。针对超大城市北京和天津模拟的一次典型的热浪过程中城乡居住建筑能耗动态变化的研究发现，高温热浪期、白天的制冷能耗分别明显高于高温热浪前期和后期、夜间；并且城乡制冷负荷差值在热浪期间依然高于热浪前期和后期。因此需要在建筑设计和节能运行调控中考虑极端高温和热岛效应对峰值负荷的影响，以减少与京津类似纬度和条件的其他特大城市的能源消耗和碳排放。

第八章 气候变化对建筑区划的影响

建筑区划，是对遵循统一规划、合理布局、因地制宜、综合开发、配套建设的原则规划建设，能够满足人们生产、生活需要的建筑物聚集区进行的区域划分。建筑区划按照主要建筑物的功能可以划分为居住区、商业区、行政办公区等。其目的是合理利用城市空间，提高城市建设的效率和质量，保障城市居民的生活质量和生活环境。与气候、地理、农业等其他区划相比，建筑区划重点关注建筑物的布局和功能分区，是城市规划的一部分。但是，建筑区划与其他区划密切相关。例如，建筑区划需要考虑周边的自然环境和气候条件。建筑区划的意义在于实现城市的有序发展、优化城市功能布局、改进城市环境质量、提升城市形象和吸引力。其中，重点关心的点包括人口密度、建筑类型、道路交通、环境保护等因素。通过建筑区划，可以实现城市发展的合理布局、节约土地资源、提高城市居民的生活质量、促进经济的发展和整体城市形象的提升。总之，建筑区划是城市规划的重要组成部分，对城市的发展和建设起着至关重要的作用。

建筑物能源消耗的多寡以及室内舒适环境的优劣，不但与建筑本身热工性能有关，还受建筑物所在地区气候影响。气候是建筑形成与演变的主要因素，不同的气候条件其建筑形态也各有不同。因此，在建筑设计阶段，必须充分考虑气候条件。中国幅员辽阔，地形复杂，地理纬度、地势等条件不同，各地气候相差悬殊，因此针对不同气候条件，各地区建筑的节能设计都有对应的不同做法。为区分我国不同地区气候条件对建筑影响的差异性，明确各气候区的建筑基本要求，根据建筑设计所需气候参数进行建筑气候分区是一种简单有效的方法。

第一节　现行中国建筑气候区划及典型建筑

建筑气候区划是出于使建筑更充分地利用和适应我国不同的气候条件，达到因地制宜的目的。从建筑热工设计角度分区，我国可分为 5 个气候区，分别为严寒地区、寒冷地区、夏热冬冷地区、温和地区和夏热冬暖地区。

严寒地区

严寒地区气候特征及建筑基本要求

严寒地区在我国的分布主要是东北、内蒙古和新疆北部、西藏北部、青海等地区。冬季严寒且持续时间长，夏季短促且凉爽；西部偏于干燥，东部偏于湿润；具有较大的气温年较差；冰冻期长，冻土深，积雪厚；太阳辐射量大，日照丰富；冬天经常刮大风。

严寒地区的建筑物须充分满足冬季防寒、保温、防冻等要求，夏季可不考虑防热。总体规划、单体设计和构造处理应使建筑物满足冬季日照和防御寒风的要求；建筑物应采取减小外露面积，加强冬季密闭性，合理利用太阳能等节能措施；结构上应考虑气温年较差大及大风的不利影响；屋面构造应考虑积雪及冻融危害；施工应考虑冬季漫长严寒的特点，采取相应的措施。

特色建筑——东北地区双层玻璃幕墙

双层玻璃幕墙由内、外两层玻璃幕墙构成，其外层玻璃幕墙通常运用隐框、明框或点式玻璃幕墙，而内层玻璃幕墙通常是运用明框幕墙或铝合金门窗。内、外两层玻璃墙中间则会形成对流，风从玻璃幕墙上方排风口排出，产生热的空间通风间层。空气从外层幕墙下方的通风口缓慢进入中层，对室内的气温进行调节。

在我国北方严寒地区，内、外循环玻璃幕墙系统经常被用于大型公共建筑设计，即充分考虑运用于冷、热负荷相当的建筑之中。有研究指出，当在大型公共建筑中合理运用双层玻璃幕墙时，与常规建筑耗能相比较，可达到 50% 左右绿色节能效果。

双层玻璃幕墙的最大优点在于它能够根据外界条件的变化而调节其机制，以达到最大限度地利用自然光照明、取暖、通风，同时减少过多的热辐射、眩光、风沙等不利条件以创造舒适健康的室内环境。

双层玻璃幕墙

玻璃幕墙是当代大型公共建筑的一种潮流。采用双层玻璃幕墙不仅节能性能优异，且十分环保，特别适合用于冷、热负荷相当的公共建筑上。总体上，双层玻璃幕墙与其他同类型建筑耗能相比，节能功能尤其明显。

特色建筑——内蒙古民居蒙古包

蒙古包是蒙古族牧民居住的一种房子，建造和搬迁都很方便，适于牧业生产和游牧生活。蒙古包呈圆形尖顶，顶上和四周以一至两层厚毡覆盖。普通蒙古包，顶高 10 ～ 15 尺[①]，围墙高约 5 尺。包内四大结构为：哈那（即蒙古包围墙支架）、天窗、椽子和门。蒙古包的包门开向南或东南，既可避开西伯利亚的强冷空气，也沿袭着以日出方向为吉祥的古老传统。蒙古包看起来外形虽小，但包内使用面积却很大，而且室内空气流通，采光条件好，冬暖夏凉，不怕风吹雨打，非常适合于经常转场放牧民族居住和使用。

蒙古包顶上圆中有尖，中间宽大浑圆，草原上的沙暴和风雪受到蒙古包的缓冲以后，会在它后面适当的距离形成一个新月形的缓坡堆积下来。刮大风之时，蒙古包可承受巨大的反作用力，可以经受冬春的十级大风。

蒙古包的搭建选址非常讲究。夏营盘的蒙古包搭建在平坦开阔、凉爽之地，冬营盘则选择山前避风之处。适合气候特征的选址与蒙古包顶窗苫毡、底部围毡的开闭相配合，使蒙古包在炎热的夏季通风凉爽、酷寒的冬季温暖舒适。蒙古包冬暖夏凉，还因为它球体的造型，通体发白，有较好的反光作用。

---

① 尺，长度单位，1 尺 =1/3 米，下同。

蒙古族民居蒙古包

蒙古包具有明显的自然地域和生活方式印记，它建设周期短、结构灵活、施工技术简单、建造速度快、结构整体性好，抗震耐久、保温隔热，所用材料均与环境友好。这些特点正好符合当代设计界不断追求的绿色设计理念。

寒冷地区

寒冷地区气候特征及建筑基本要求

寒冷地区是指我国最冷月平均温度在 –10 ～ 0℃，日平均温度低于 5℃的天数为 90 ～ 145 天的地区。寒冷地区主要分布在我国北京、天津、河北、山东、山西、宁夏、河南、安徽及陕西大部、辽宁南部、甘肃中东部、新疆南部、江苏北部以及西藏南部等地。寒冷地区冬季较长而且寒冷干燥，平原地区夏季较炎热湿润，高原地区夏季较凉爽，降水量相对集中；气温年较差较大，日照较丰富;春、秋两季短促，气温变化剧烈;春季雨雪稀少，多大风、风沙天气，夏、秋两季多冰雹和雷暴。

寒冷地区的建筑物须满足冬季防寒、保温、防冻等要求，夏季部分地区应兼顾防热。总体规划、单体设计和构造处理应满足冬季日照并防御寒风的要求，主要房间宜避西晒;应注意防暴雨;建筑物应采取减小外露面积，加强冬季密闭性且兼顾夏季通风和利用太阳能等节能措施；结构上应考虑气温年较差大、多大风的不利影响；建筑物宜有防冰雹和防雷措施；施工应考虑冬季寒冷期较长和夏季多暴雨的特点。

特色建筑——黄土高原窑洞

窑洞是中国北部黄土高原居民的古老居住形式。在中国陕甘宁地区，黄土层非常厚，有的厚达几十米，中国人民创造性利用高原有利的地形，凿洞而居，创造了被称为绿色建筑的窑洞建筑。窑洞一般有靠崖式窑洞、下沉式窑洞、独立式窑洞等，其中靠崖式窑洞应用较多。

窑洞建筑的最大特色是冬暖夏凉。传统的窑洞空间从外观上看是圆拱形，虽然很普通，但是在单调的黄土为背景的情况下，圆弧形更显得轻巧而活泼。这种源自自然的形式，不仅体现了传统思想里天圆地方的理念，同时门洞处高高的圆拱加上高窗，在冬天的时候可以使阳光进一步深入窑洞内侧，从而充分利用太阳辐射。并且其内部空间因为是拱形的，能够加大内部的竖向空间，使得居住体感开敞舒适。

黄土高原阳光充足，干旱少雨，木材资源缺乏，地形上沟壑纵横交错，而且黄土高原土质好，地下水位低。窑洞利用土层保温蓄热，改善室内热

黄土高原窑洞

环境，其主要优点来自土壤的热工性质，厚重的土层所起的绝热作用使其温升很低，也是一个良好的天然冷藏库。

夏热冬冷地区

夏热冬冷地区气候特征及建筑基本要求

夏热冬冷地区是指我国最冷月平均温度在 0 ～ 10℃，最热月平均温度在 25 ～ 30℃，日平均温度低于 5℃的天数为 0 ～ 90 天，日平均温度高于 25℃的天数为 49 ～ 110 天的地区。该气候区主要分布于陇海线以南、南岭以北、四川盆地以东。

夏热冬冷地区大部分区域夏季闷热，冬季湿冷，气温日较差小；年降水量大；日照偏少。春末夏初为长江中下游地区的梅雨期，多为阴雨天气，常有大雨和暴雨出现；沿海及长江中下游地区夏、秋常受热带风暴和台风袭击，易有暴雨大风天气。

该区的建筑物必须满足夏季防热、通风降温要求，冬季应适当兼顾防寒。其总体规划、单体设计和构造处理应有利于良好的自然通风，建筑物应避西晒，并满足防雨、防潮、防洪、防雷击要求；夏季施工应有防高温和防雨的措施。

特色建筑——江南民居

江南民居是中国传统民居建筑的重要组成部分，江浙水乡注重前街后河，其传统民居的共同特点都是坐北朝南，注重内采光；江南民居以木梁承重，以砖、石、土砌护墙，以堂屋为中心，以雕梁画栋和装饰屋顶、檐口见长。江南民居普遍的平面布局方式和北方的四合院大致相同，只是一般布置紧凑，院落占地面积较小，以适应当地人口密度较高，要求少占农田的特点。

江南民居

居室墙壁高，开间大；前后门贯通，便于通风换气；为便于防潮，建二层楼房颇多，其底层是砖结构，上层是木结构，比较适合南方气候的炎热潮湿特点。南方地形复杂，住宅院落很小，四周房屋连成一体，房屋组合比较灵活，适于起伏不平的地形。另外，南方一年四季花红柳绿，环境颜色丰富多彩，民居建筑外墙多用白色，利于反射阳光，建筑粉墙黛瓦，房子的颜色素雅一些，尤其是夏季给人以清爽宜人的感觉。

温和地区

温和地区气候特征及建筑基本要求

温和地区是指我国最冷月平均温度在 0 ～ 13℃，最热月平均温度在 18 ～ 25℃，日平均温度低于 5℃的天数为 0 ～ 90 天的地区，主要分布在我国云南和贵州两省。

温和地区气候特征明显，大部分地区冬温夏凉，干湿季分明；常年有雷暴、多雾，气温的年较差偏小，日较差偏大，日照射较少，太阳辐射强烈，部分地区冬季气温偏低。

温和地区的建筑物应满足湿季防雨和通风要求，可不考虑防热。总体规划、单体设计和构造处理宜使湿季有较好自然通风，主要房间应有良好朝向；建筑物应注意防潮、防雷击；施工应有防雨的措施。

特色建筑——傣族竹楼

傣族竹楼是一种干栏式建筑，主要用竹子建造，因而称为“竹楼”。傣族多居住在平坝地区，常年无雪，雨量充沛，年平均温度达 21℃，没有四季区分，这种环境很适合建造竹楼。

傣族的竹楼，下层四面空旷，通风很好，冬暖夏凉。屋里的家具非常简单，竹制者最多，凡是桌、椅、床、箱、笼、筐，都全是用竹制成。家

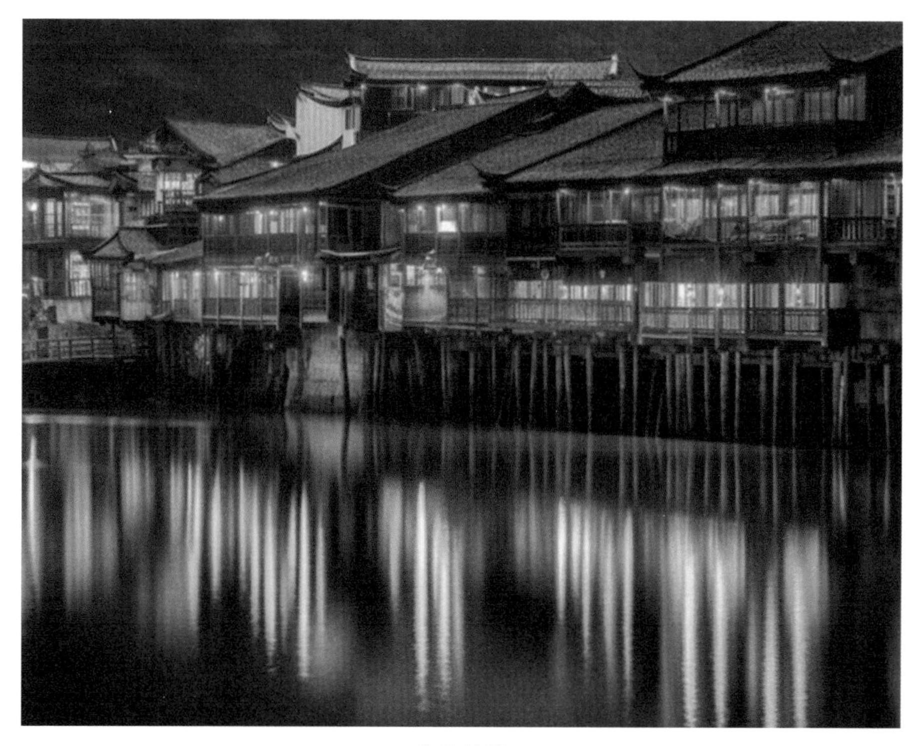

傣族竹楼

家有简单的被和帐，偶然也见有缅地输入的毛毡、铅铁等器具，农具和锅刀都仅有用着的一套，少见有多余者，陶制具也很普遍，水盂水缸的形式花纹都具地方色彩。由于天气湿热，竹楼大都依山傍水；村外榕树蔽天，气根低垂；村内竹楼鳞次栉比，竹篱环绕，隐蔽在绿荫丛中。

夏热冬暖地区

夏热冬暖地区气候特征及建筑基本要求

夏热冬暖地区是指我国最冷月平均温度高于 10℃，最热月平均温度在 25 ～ 29℃，日平均温度高于 25℃的天数为 100 ～ 200 天的地区。该气候区主要分布在我国的南部，在北纬 27° 以南，东经 97° 以东，包括海南全境、广东大部、广西大部、四川南部、云南小部分，以及福建、香港、澳门和台湾。

夏热冬暖地区长夏无冬，温高湿重，气温年较差和日较差均小；雨量丰沛，多热带风暴和台风袭击，易有大风暴雨天气；太阳高度角大，日照较少，太阳辐射强烈。

夏热冬暖地区的建筑物必须充分满足夏季防热、通风、防雨要求，冬季可不考虑防寒、保温。总体规划、单体设计和构造应避西晒，宜设遮阳；应注意防暴雨、防洪、防潮、防雷击；夏季施工应有防高温和暴雨的措施。

特色建筑——福建土楼

福建土楼分布于福建和广东两省，产生于宋元，成熟于明末、清代和民国时期。土楼以石为基，以生土为主要原料，分层交错夯筑，配上竹木作墙骨牵拉，丁字交叉处则用木定型锚固。福建土楼或方或圆，以圆为主，遵循了“天人合一”的东方哲学理念，就地取材，选址或依山就势、或沿循溪流，建筑风格古朴粗犷，形式优美奇特，尺度适当，功能齐全实用，与青山、绿水、田园风光相得益彰，组成了适宜的人居环境以及人与自然和谐统一的景观。

福建土楼建筑材料由土、沙石、竹木，甚至红糖及蛋白都有，就地取材，以建造外墙厚达 1 ～ 2 米的土楼，经过反复地夯筑，筑起了有如钢筋混凝土般的土墙，再加上外面抹了一层防风雨剥蚀的石灰，因而坚固异常，可以抵御野兽或盗贼攻击，亦有防火抗震及冬暖夏凉等功用。

福建土楼

第二节　气候变化对建筑气候区划的影响

气候是影响建筑生产和发展的关键问题。建筑气候区划源于气候区划，历史悠久，已应用于植树造林、城市太阳能设计、供热需求、建筑节能等研究领域。目前世界上使用最广泛的气候分类方法是柯本气候分类，该方法由柯本（Köppen）和盖革（Geiger）于 20 世纪初提出。建筑气候区划是建筑节能设计的基础，目的是区分气候条件对建筑影响的差异，明确不同气候带建筑的基本要求，合理利用气候资源，防止气候对建筑的不利影响。自 20 世纪 40 年代以来，全球至少有 54 个国家，如美国、澳大利亚、智利、印度和日本等都实施了建筑气候区划。

不同区划方法的结果并不一致，多与不同区域热舒适设计、被动式太阳能设计、被动式冷热策略等被动式资源的潜力差异有关。此外，由于气候变化，区域边界会移动，一些城市的分区也会发生变化，利用不同的方法和数据，部分区域也有不同的变化趋势。这些建筑气候区划差异可能导致一个地区建筑能效战略的变化，因此采用的具体分区方法非常重要。

对气候类型或气候区进行分类的方法多种多样，其标准不同，气候变量也不同。建筑气候区划方法可分为区间判断法（通过人工训练创建区域进行分类）和聚类算法两大类。区间判断法采用不同的分区变量（如温度、相对湿度）和阈值来判断一个地区的气候带类型，使用方便，主观性强。利用该方法可以根据分区变量判断区域和气候特征。用于分区的变量和阈值可能因国家和不同的分区目的而异。聚类算法利用无监督机器学习算法进行气候分区，如 K 均值算法、分层聚类算法和 k 近邻算法。聚类法可以定量、客观地划分每个区域。然而，即使所有变量都相同，无论采用哪种聚类算法，由于初始点选取和聚类过程的随机性，对同一组数据得到的聚类结果往往不同。在机器学习过程中，分类和聚类是并行的，监督分类算法结合了两种方法的优点，可以在一定程度上弥补两者的不足。目前，机器学习的聚类算法已被广泛应用于气候区划研究。

我国建筑气候分区标准有两个：《建筑气候区划标准》（GB 50178—93）和《民用建筑热工设计规范》（GB 50176—93）。这两个规范均是 1993 年发布，是基于 1951—1980 年气象数据绘制，年代较为久远，但目前仍在使用。然而，该规范尚未充分考虑气候变化影响，导致对建筑设计及运行产生明显影响，使得建筑设计与当地气候特征不符，造成能源浪费；此外，建筑实际能耗不能与能耗需求相匹配，降低环境舒适度。CMIP5（第五次耦合模式比较计划）的 RCP（典型浓度路径）情景下，严寒地区的冬季热负荷和冷压力显著减小。然而，对于冷负荷和热压力，增长速度最快的气候区分别是夏热冬冷区和夏热冬暖区。以往的这些研究,全部基于《民用建筑热工设计规范》中的气候分区结果，但受全球变暖的影响，该国标中的区划标准已经不适用于当前的气候条件。这些不合适的气候分区会导致研究结果不准确，并且会造成建筑设计不适用于当地的气候条件，从而进一步导致能源的浪费以及环境舒适度的下降。

科学研究发现，1961—1990 年、1971—2000 年、1981—2010 年、1991—2015 年 4 个历史时段内，建筑气候区空间分布非常相似，却存在一定的区域差异，主要表现为：以严寒地区面积减小、寒冷地区面积增大、夏热冬冷和夏热冬暖地区面积微弱增大，温和地区面积先增大后微弱减小为主要变化特征（图 8–1）。以 1961—1990 年的气候分区为基准，1971—2000 年、1981—2010 年和 1991—2015 年 3 个时期的变化随着时间增加,变化的面积也随之增大,1991—2015 年的变化面积最大(图 8–2)。

严寒区变为寒冷区是最主要的变化类型，多发生在新疆、西藏部分地区，呈东西向的带状分布。在这些发生变化的地区，冬季加热和空气调节的容量需要调整以适应这种气候区的转变。因为对这两种气候区来讲，冬季加热是建筑设计必须考虑的主要标准，而夏季防暑一般可以忽略，因此，这种转变是有利于建筑节能的。另外，对冬季建筑防寒的要求，比如建筑墙体的传热系数，也可以适当降低。因此，选择保温性能略低的墙体和窗户的建筑材料也可满足建筑的基本要求，从而降低了建筑成本。寒冷区变为夏热冬冷区也是一种重要的变化类型，多发生在河南省北部以及山东和江苏省的交界处。虽然这种转化的面积比严寒区转化为寒冷区的面积小，但这些变化的区域主要位于我国经济发达的地区，人口密集，影响较大，其中包括宝鸡、郑州、连云港、开封、枣庄、日照和三门峡等重要的地级市（图 8–3）。

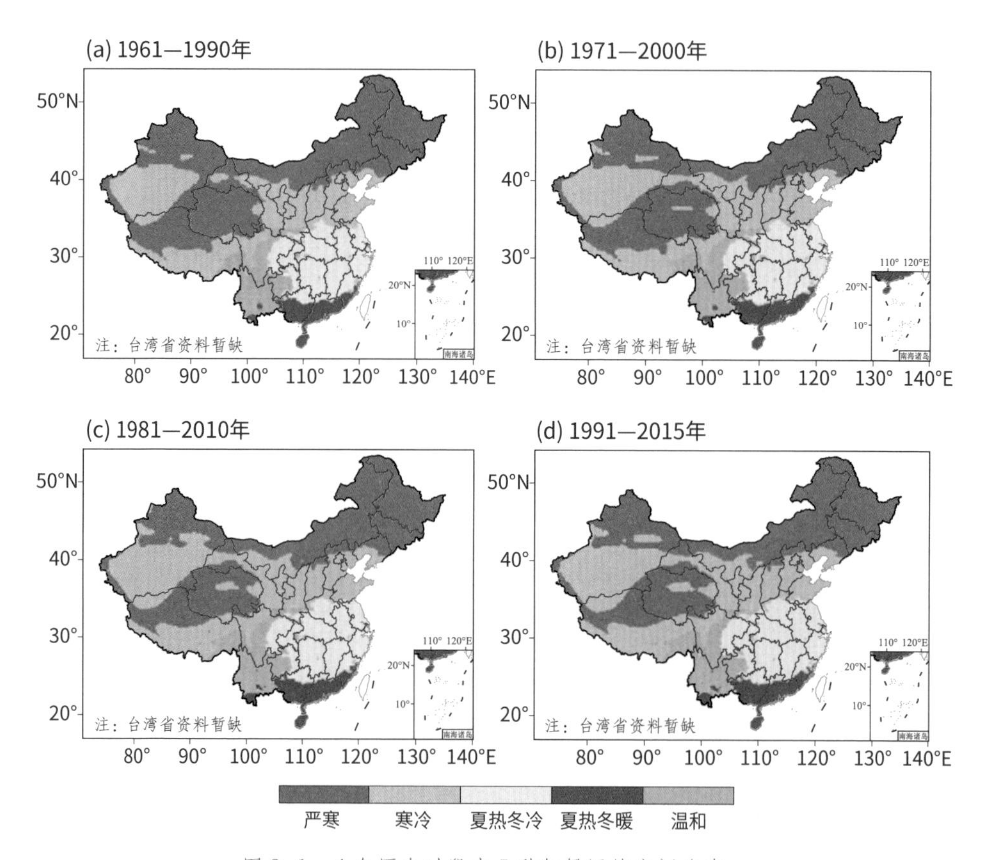

图 8-1 4个历史时段内5种气候区的空间分布

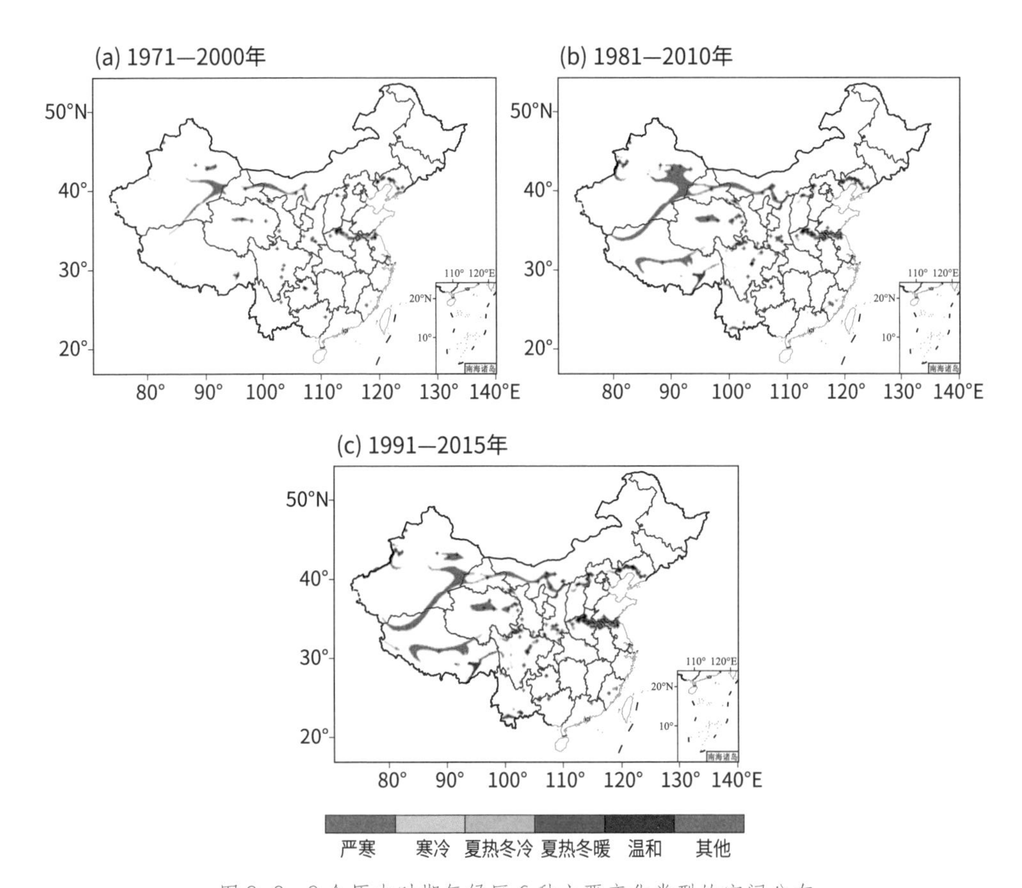

图 8-2 3个历史时期气候区 6 种主要变化类型的空间分布

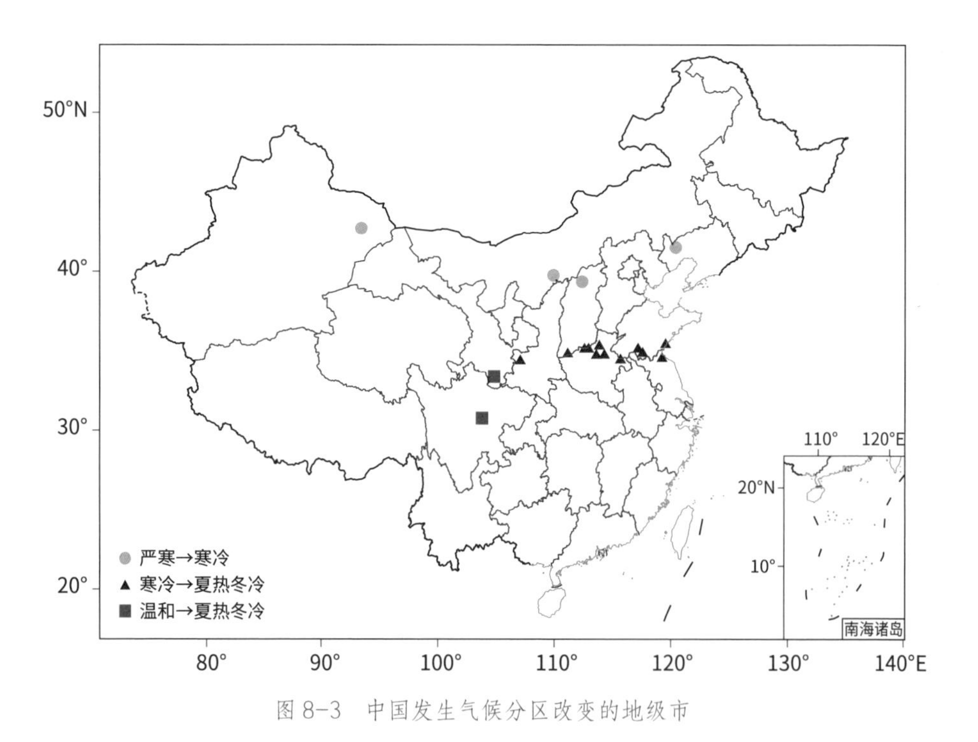

图 8-3 中国发生气候分区改变的地级市

第三节　精细化气候区划研究——以重庆为例

对于复杂地形区域而言，在大尺度范围的建筑气候分区研究结果中，往往气候分区类型比较单一。例如，现行的中国建筑热工分区，将约 960 万平方千米的中国国土划分为 5 大类建筑气候区，位于中国西南部的四川盆地和云贵高原等地形复杂的很多较小尺度区域属于同一大类气候区（夏热冬冷地区或温和地区），如此相对较大尺度的区划结果对于复杂地形小尺度区域明显是不适合的。在这些复杂地形区域直接采用大尺度区划结果开展建筑设计与规划是存在明显缺陷和不足的。Liu 等（2023）建议在中国的复杂地形区域研发更多综合指数来进一步划分气候区。

重庆市，位于中国西南部、长江上游地区，是中国人口最密集、经济发展比较快的地区之一，面积 8.24 万平方千米，地跨东经 105°17′—110°11′、北纬 28°10′—32°13′，常住人口 3213.3 万人、城镇化率 70.96%。重庆在中国有“山城”之称，地貌以山地、丘陵为主，其中山地面积占总面积 76%；地形复杂，地势起伏变化大，地势是东南部、东北部高，中部和西部低，由南北向长江河谷逐级降低。重庆区域的建筑气候环境总体具有“高温、风缓、高湿”的特征，在国家标准《民用建筑热工设计规范》（GB 50176—2016）的建筑热工气候分区结果中，重庆全域都属于夏热冬冷地区。但是重庆区域境内地形复杂，山地居多，立体气候特征显著。区域内气温空间差异大，沿江河谷地区海拔低气温高，东北部、东南部山区海拔高气温低，复杂的地形和差异化的立体气候，使得重庆的各城镇的建筑气候特征的空间差异显著（图 8-4）。

与现行国家标准《民用建筑热工设计规范》对重庆市建筑气候分区的规定相比，精细化气候区划将重庆市从 4 个城市行政区的两级气候分区（夏

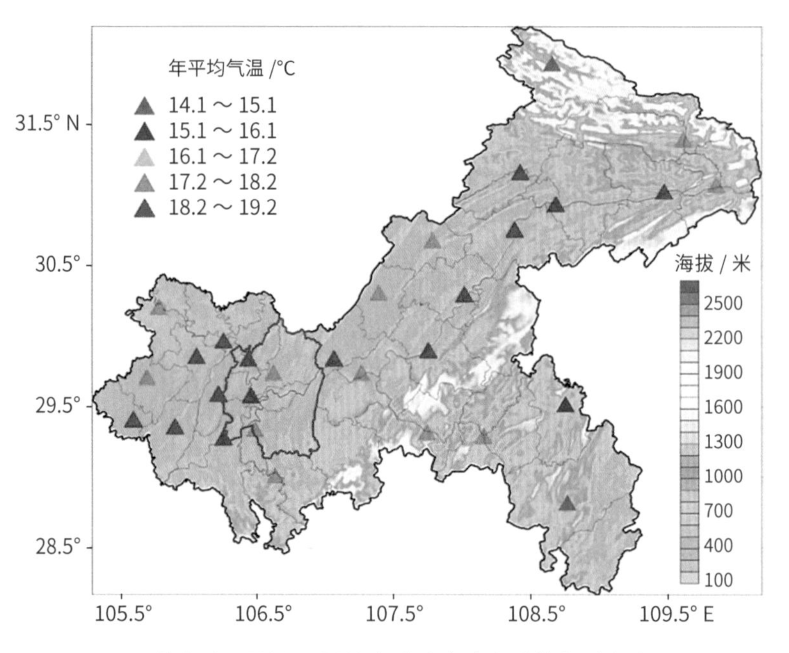

图 8-4　2011—2020 年重庆市多年平均气温分布

热冬冷湿润区 3 个，夏热冬冷干旱区 1 个）扩展到 38 个城市行政区，每个城市行政区都有相应的两级建筑气候分区（图 8-5）。其中，13 个城市行政区位于夏热冬冷湿润区（图中黄色区域），占 34%；23 个城市行政区位于夏热冬冷干旱区（图中绿色区域），占 61%；2 个城市行政区位于温和湿润区（图中蓝色区域），占 5%。这表明，复杂地形案例研究区内各城市行政区的建筑热工气候区划具有多样性和差异性，这种现象在大尺度建筑气候区划中很难发现。现行国家标准《民用建筑热工设计规范》中关于大尺度建筑热工分区的结果无法满足地形复杂地区城镇的需求，如中国西南地区，由于地形复杂，城镇间海拔差异大，气候空间差异显著，会造成相邻城镇气候分区不同。

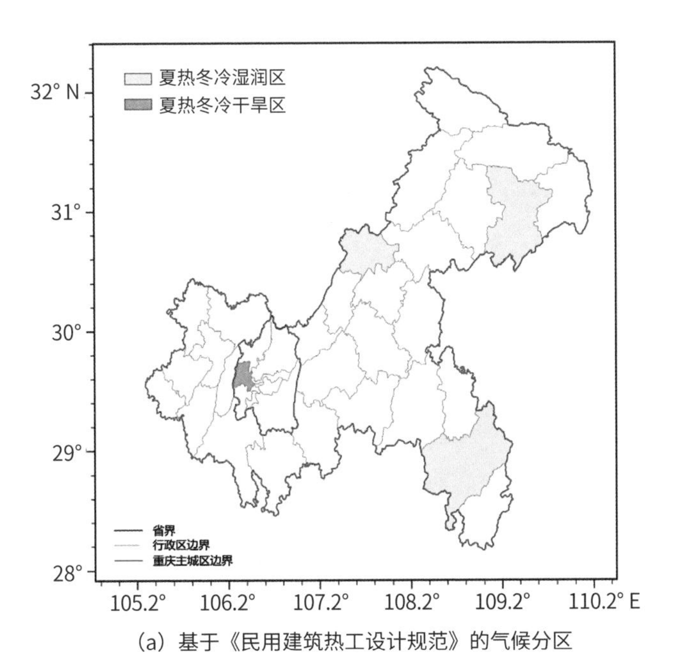

(a) 基于《民用建筑热工设计规范》的气候分区

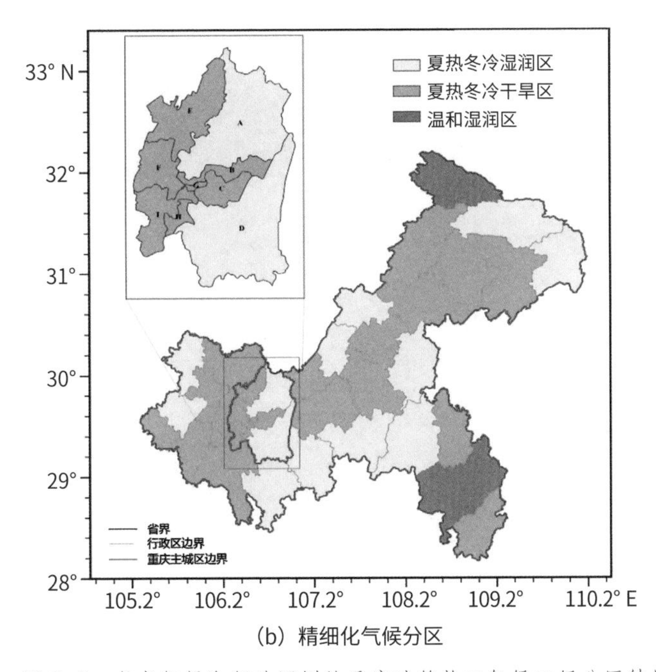

(b) 精细化气候分区

图 8-5　考虑气候和行政区划的重庆建筑热工气候二级分区结果

第三篇 绿色建筑新技术发展

随着全球对节能减排和可持续发展的重视，绿色建筑技术已成为建筑行业发展的重要趋势，绿色建筑新技术的发展是实现建筑行业节能减排和可持续发展的关键。本篇将从建筑节能政策、标准、技术和发展路径四个方面，对绿色建筑新技术进行介绍。通过政策引导、标准规范和技术创新，绿色建筑技术将不断进步，为建设资源节约型、环境友好型社会做出更大贡献。

第九章 我国建筑节能政策

为应对全球气候变化承诺目标，中国政府建立“1+N”碳达峰、碳中和政策体系。其中“1”由《中共中央 国务院关于完整准确全面贯彻新发展理念做好碳达峰碳中和工作的意见》《2030 年前碳达峰行动方案》两个文件共同构成，“N”是重点领域、重点行业实施方案及相关支撑保障方案。各省（自治区、直辖市）均已出台了本地区碳达峰实施方案。

第一节　“双碳”顶层设计政策

“1+N”碳达峰、碳中和政策体系中，“1”作为顶层政策文件，起到引导全国各领域“双碳”转型作用，对各领域提出目标要求、重要任务、政策机制、组织实施等重要要求。针对建筑领域要求：①推进城乡建设和管理模式低碳转型；②大力发展节能低碳建筑；③加快优化建筑用能结构；④推进农村建设和用能低碳转型（图 9–1）。

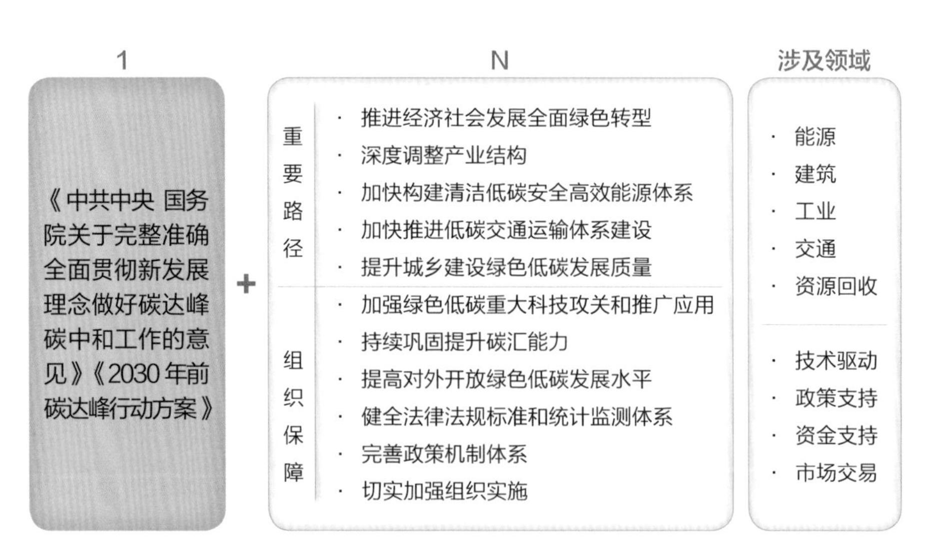

图 9–1　“1+N”碳达峰、碳中和顶层政策设计

第二节 城乡建设领域“双碳”政策

在“双碳”顶层政策设计的支持和引导下，城乡建设领域相继出台一系列政策，围绕城乡低碳建材、低碳设计、低碳建造、低碳运行等阶段分别提出工作目标和重点任务。

到 2025 年，建筑领域节能降碳制度体系更加健全，城镇新建建筑全面执行绿色建筑标准，新建超低能耗、近零能耗建筑面积比 2023 年增长 0.2 亿平方米以上，完成既有建筑节能改造面积比 2023 年增长 2 亿平方米以上，建筑用能中电力消费占比超过 55%，城镇建筑可再生能源替代率达到 8%，建筑领域节能降碳取得积极进展；到 2027 年，超低能耗建筑实现规模化发展，既有建筑节能改造进一步推进，建筑用能结构更加优化，建成一批绿色低碳高品质建筑，建筑领域节能降碳取得显著成效。

重点任务包括

① 提升城镇新建建筑节能降碳水平；

② 推进城镇既有建筑改造升级；

③ 强化建筑运行节能降碳管理；

④ 推动建筑用能低碳转型；

⑤ 推进供热计量和按供热量收费；

⑥ 提升农房绿色低碳水平；

⑦ 推进绿色低碳建造；

⑧ 严格建筑拆除管理；

⑨ 加快节能降碳先进技术研发推广；

⑩ 完善建筑领域能耗碳排放统计核算制度；

⑪ 强化法规标准支撑；

⑫ 加大政策资金支持力度。

第三节　加快推动建筑领域节能降碳工作方案

加快推动建筑领域节能降碳是深入贯彻落实党中央、国务院关于碳达峰碳中和工作部署的重要内容，《加快推动建筑领域节能降碳工作方案》（国办函〔2024〕20号，以下简称《方案》）进一步明确和细化了建筑领域节能降碳的总体要求、工作目标、重点任务、保障措施和工作要求。分别从城镇新建建筑和既有建筑、农村建筑等不同维度，建筑用能系统、供热系统等不同层面，建筑运行、建造、拆除等不同过程，提出了建筑领域节能降碳的重点任务，将有力有序推动各项工作的落地实施。

城镇和农村建筑节能降碳工作有的放矢

根据城镇新建建筑、城镇既有建筑、农村建筑的不同特点，《方案》明确了相应的工作任务。针对城镇新建建筑，节能降碳工作要求从设计端开始推进，强调采用高效节能设备，并首次提出了“提高建筑围护结构的保温隔热性能和防火性能，推动公共建筑和具备条件的居住建筑配置能源管理系统”。在推广超低能耗建筑方面，政府投资的公益性建筑和京津冀、长三角等有条件地区将是重要突破口。此外，《方案》还首次提出了“强化年运行能耗1000吨标准煤（或电耗500万千瓦时）及以上建筑项目的节能审查，严格执行建筑节能降碳强制性标准”。这一强制性措施将有效提高大型增量建筑的节能降碳水平。

我国建筑已由增量发展进入存量发展阶段，针对城镇既有建筑的节能降碳工作，《方案》提出了能效诊断、建立节能降碳改造数据库和项目库的要求，并首次明确了“空调、照明、电梯等重点用能设备和外墙

建筑配置
能源管理系统
提高保
温隔热
性能和
防火性能
强化节能审查
空调、照明、
电梯改造
外墙保温
门窗改造
消费品以旧换新
推动建筑
节能降碳
可再生能源
增强用户
节能意识
推广高效
节能家电
绿色建材认证
供热体制改革
光伏一体化建设
新型智慧供热系统
建筑垃圾资源化利用

保温、门窗改造等”重点内容，这些举措将进一步提高既有建筑节能降碳改造的科学性和有效性。

针对绿色低碳农房建设方面，《方案》强调“坚持农民自愿、因地制宜、一户一策”原则，对不同气候区采取不同路径和分类指导措施，体现了政策实施的科学性和灵活性。在既有农房节能改造方面，《方案》首次提出了“对房屋墙体、门窗、屋面、地面等进行‘菜单式’微改造”，有助于有针对性地开展节能降碳工作，同时满足人民群众多样化的生活需求。

建筑用能系统低碳转型有序推进

可再生能源建筑应用是建筑领域绿色低碳发展主要途径之一，它们可以有效替代传统化石能源的运用，对于我国顺利实现碳达峰、碳中和目标至关重要。《方案》提出了要统筹规划可再生能源建筑应用，针对新建建筑要制定完善建筑光伏一体化建设相关标准和图集，针对既有建筑要加强光伏系统管理。提出要“探索可再生能源建筑利用常态化监管和后评估，及时优化可再生能源建筑应用项目运行策略”。以上举措有助于完善可再生能源建筑应用的制度体系和市场机制，为建筑用能系统低碳转型提供有力保障。

供热用能是建筑用能系统的重要组成部分，建立和完善建筑供热计量体系和管理机制对推动建筑领域节能降碳工作具有重要作用。《方案》提出了要制定供热分户计量改造方案，逐步推动按用热量计量收费，对户内不具备供热计量改造价值和条件的既有居住建筑实行按楼栋计量。这些举措将有力推动供热体制改革、促进新型智慧供热系统构建、增强用户节能意识、保障供热和用热双方利益，最终实现建筑供热领域的节能降碳目标。

建筑全过程节能降碳有机统一

建筑领域碳排放来源包括建材生产运输、建筑施工、建筑运行、建筑拆除等多个过程和阶段，因此节能降碳工作需要采取综合性的措施来有机推动。《方案》分别从建筑建造、运行和拆除等多个阶段提出了节能降碳的重点任务。

在建筑运行阶段，《方案》要求强化建筑运行节能降碳管理，提出了“加大高效节能家电等设备推广力度，鼓励居民加快淘汰低效落后用能设备”。这一要求响应了中央财经委员会第四次会议提出“要鼓励引导新一轮大规模设备更新和消费品以旧换新”的号召。此外，针对公共建筑，提出了建立公共建筑节能监管体系、建立并严格执行公共建筑室内温度控制机制、开展公共建筑重点用能设备调试保养，此举将进一步加大公共建筑运行能耗监管力度，从而减少公共建筑运行。

在建筑建造阶段，《方案》要求加快发展装配式建筑、积极推广装配式装修、加快推进绿色建材认证和应用、推广节能施工设备、推进建筑垃圾资源化利用，以上举措有利于系统化地推进绿色低碳建造。

第四节　地方政府出台政策

全国部分省市相继出台碳达峰实施方案和资金补贴政策，每个省市出台的补贴政策具有一定的差异性。一类是如北京、上海、深圳等城市对超低能耗建筑按照 150 ～ 300 元 / 米 ^{2} 资金补贴，单个项目资金补贴在 600 万元。另一类是河北省给予超低能耗建筑容积率奖励政策，因墙体保温等技术增加的建筑面积，按地上建筑面积 9% 以内给予奖励，奖励的建筑面积不计入项目容积率核算（图 9-2）。

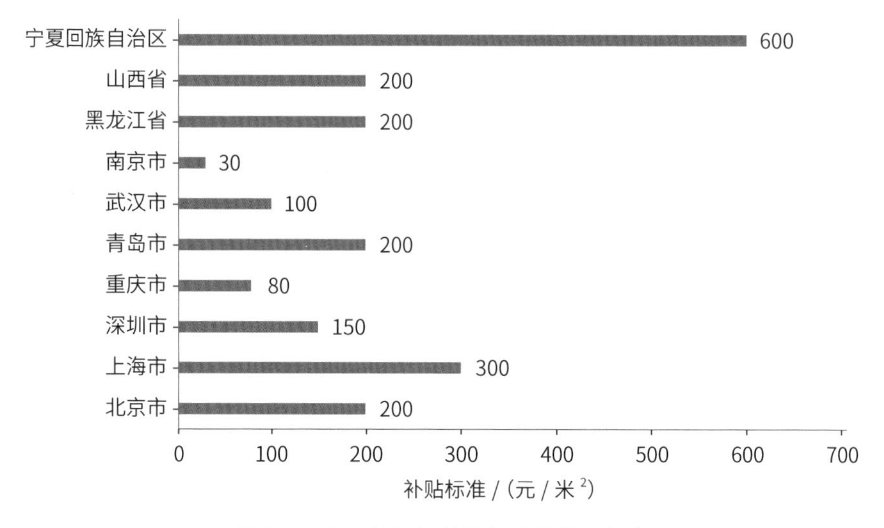

图 9-2 部分地区超低能耗建筑补贴标准

气候变化对建筑行业的影响很大程度体现在能源消耗上，建筑行业是能源消耗的主要领域之一。随着气温的升高和极端天气事件的增多，建筑为满足室内舒适度所需的能源消耗也将持续增加。这不仅加剧了能源的供需矛盾，还导致了大量的温室气体排放，进一步加剧了气候变化。在这样的背景下，采用高效节能的建筑材料和设备、优化建筑设计和布局、加强建筑的保温隔热性能和可再生能源的应用比例，对于有效降低建筑能源消耗，减少温室气体排放，减轻气候变化负面影响有重要的意义。因此建筑节能标准也成为了建筑领域应对气候变化、实现可持续发展的重要支撑。

第十章

提升建筑节能标准

第一节 建筑节能标准研究情况

我国已建立较完善的建筑节能标准体系，覆盖建筑节能设计、施工验收、运行、改造、检测、评价与标识，以及可再生能源建筑应用。同时也建立了建筑节能专项技术工程应用标准及节能相关产品标准。不同省市地方根据本地实际情况制定发布了地方节能标准。节能标准项目融合了各专业技术，通过对建筑物的设计、建造到运行管理的各环节进行协同控制，从而达到节能目标要求。体系内各标准间层次间更多地体现了控制指导或技术产品的支撑关系。

建筑节能标准体系覆盖有关建筑节能的各领域，涵盖所有设计建筑节能的活动、产品、环节、技术等，即涉及建筑节能的任一技术、活动都能够在标准体系中找到相应位置。

根据我国建筑节能标准体系现状，借鉴国外建筑节能标准体系经验，建立了我国建筑节能标准体系框架如图 10–1。

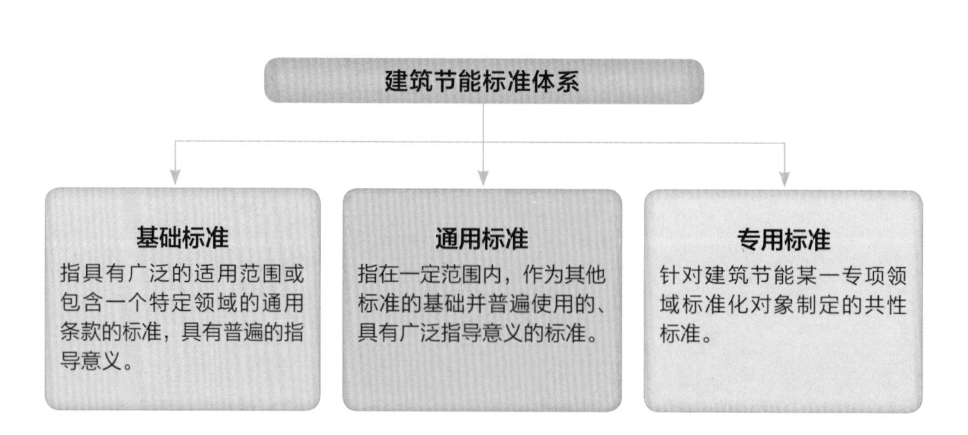

基础标准

GB 55015—2021　《建筑节能与可再生能源利用通用规范》
GB/T 51366—2019　《建筑碳排放计算标准》
GB/T 51140—2015　《建筑节能基本术语标准》
GB 50178—1993　《建筑气候区划标准》
GB/T 51161—2016　《民用建筑能耗标准》
……

通用标准

设计阶段

GB/T 51350—2019　《近零能耗建筑技术标准》
GB/T 50824—2013　《农村居住建筑节能设计标准》
JGJ 134—2010　《夏热冬冷地区居住建筑节能设计标准》
JG 175—2012　《夏热冬暖地区居住建筑节能设计标准》
JGJ 26—2018　《严寒和寒冷地区居住建筑节能设计标准》
JGJ 475—2019　《温和地区居住建筑节能设计标准》
GB 50189—2015　《公共建筑节能设计标准》
GB 50176—2016　《民用建筑热工设计规范》

施工与验收阶段

GB 50411—2019　《建筑节能工程施工质量验收标准》

运行与维护阶段

GB/T 39583—2020　《既有建筑节能改造智能化技术要求》
JGJ/T 129—2012　《既有居住建筑节能改造技术规程》
JGJ 176—2009　《公共建筑节能改造技术规程》
JG/T 448—2014　《既有采暖居住建筑节能改造能效测评方法》

检测与评价阶段

GB/T 50668—2011　《节能建筑评价标准》
JGJ/T 132—2009　《居住建筑节能检测标准》
JGJ/T 177—2009　《公共建筑节能检测标准》
JGJ/T 154—2007　《民用建筑能耗数据采集标准》
GB/T 51141—2015　《既有建筑绿色改造评价标准》
GB/T 50640—2010　《建筑工程绿色施工评价标准》
GB 51245—2017　《工业建筑节能设计统一标准》
JGJ 190—2010　《建筑工程检测试验技术管理规范》

专用标准

照明、采光标准

GB 50034—2013 《建筑照明设计标准》
JGJ/T 307—2013 《城市市照明节能评价标准》
GB 50617—2010 《建筑电气照明装置施工与质量验收规范》
JGJ/T 307—2013 《城市照明节能评价标准》
GB/T 51268—2017 《绿色照明检测及评价标准》
……

围护结构标准（外塘、幕墙门窗）

JGJ 144—2019 《外墙外保温工程技术标准》
JGJ/T 323—2014 《自保温混凝土复合砌块墙体应用技术规程》
JGJ/T 261—2011 《外墙内保温工程技术规程》
GB 50404—2017 《硬泡聚氨酯保温防水工程技术规范》
JGJ 253—2019 《无机轻集料砂浆保温系统技术规程》
JGJ/T 205—2010 《建筑门窗工程检测技术规程》
……

可再生能源标准

GB 50366—2005 《地源热泵系统工程技术规范》
GB 50787—2012 《民用建筑太阳能空调工程技术规范》
GB/T 51368—2019 《建筑光伏系统应用技术标准》
GB 50495—2019 《大阳能供热采暖工程技术标准》
CJJ 138—2010 《城镇地热供热工程技术规程》
GB/T 51063—2014 《大中型沼气工程技大规范》
GB 50364—2018 《民用建筑太阳能热水系统应用技术标准》
JGJ 203—2010 《民用建筑太阳能光伏系统应用技术规范》
GB/T 50604—2010 《民用建筑太阳能热水系统评价标准》
GB/T 50801—2013 《可再生能源建筑应用工程评价标准》
……

冷热电联供标准

CJJ 145—2010 《燃气冷热电三联供工程技术规程》
……

供暖空调系统标准

JGJ 158—2018 《蓄能空调工程技术标准》
GB/T 31345—2014 《节能量测量和验证技术要求居住建筑供暖系统》
JG/T 448—2014 《既有采暖居住建筑节能改造能效测评方法》
JGJ 142—2012 《辐射供暖供冷技术规程》
JGJ 174—2010 《多联机空调系统工程技术规程》
JGJ 343—2014 《变风量空调系统工程技术规程》
JGJ 342—2014 《蒸发冷却制冷系统工程技术规程》
GB/T 35972—2018 《供暖与空调系统节能调试方法》
GB 19577—2015 《冷水机组能效限定值及能源效率等级》
GBT 31437—2015 《单元式通风空调用空气 - 空气热交换机组》
GB 21087—2017 《新风空气 - 空气能量回收装置》
JGJ 173—2009 《供热计量技术规程》
……

能耗监测标准

JGJ/T 285—2014 《公共建筑能耗远程监测系统技术规程》
……

图 10-1 建筑节能标准体系总体框架

我国建筑节能标准经过3次系统性的提升，已经完成“30%～50%～65%”三步走战略，严寒和寒冷地区居住建筑已经率先实施节能率75%的标准，新建建筑能效基本与发达国家持平，同时我国已经开展国际最高节能水平的近零能耗建筑的推广工作，推进超低能耗建筑、近零能耗建筑的规模化发展，从老三步走战略，到从低能耗迈向零能耗，最终达到正能耗的新三步走战略趋势正在形成。普通建筑能效发展趋势如图10–2。

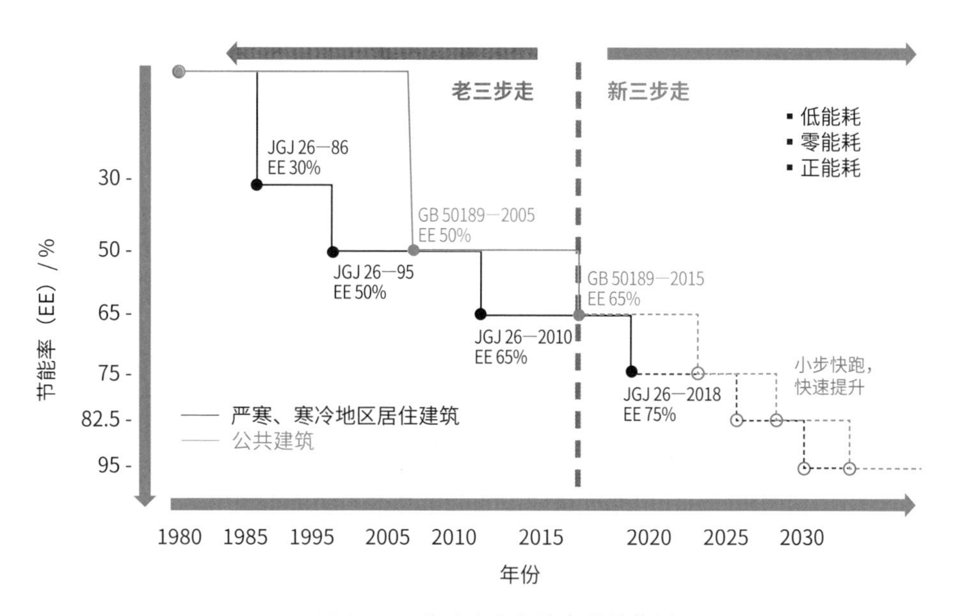

图10–2　普通建筑能效发展趋势图
（来源：能源基金会与中国建筑科学研究院有限公司2020年发布的报告《近零能耗建筑规模化推广政策、市场与产业研究》）

我国建筑领域的标准正在发生根本性的变革，原有的建筑节能强制标准升级为全文强制规范《建筑节能与可再生能源利用通用规范》，成为建筑节能行业的纲领性文件。《近零能耗建筑技术标准》为建筑节能的发展目标，《建筑碳排放计算标准》为科学、准确地评估建筑物在生命周期内所产生的碳排放量提供了依据，《零碳建筑技术标准》完成报批，几本标准共同构成了我国新建建筑领域实现碳达峰与碳中和的重要技术支撑。部分现行建筑节能设计标准情况见表 10–1。

表 10-1 现行建筑节能设计标准情况

序号	标准	实施年份	节能率 /%
1	《公共建筑节能设计标准》	2015	65
2	《严寒和寒冷地区居住建筑节能设计标准》	2018	75
3	《夏热冬冷地区居住建筑节能设计标准》	2010	50
4	《夏热冬暖地区居住建筑节能设计标准》	2013	50
5	《近零能耗建筑技术标准》	2019	80 ～ 92

通过节能标准的更新迭代，不断提升建筑能效。从世界范围看，美国、日本、韩国等发达国家和欧盟盟国为应对气候变化和极端天气、实现可持续发展战略，都积极制定建筑迈向更低能耗的中长期政策和发展目标，明确实现近零能耗建筑或零能耗建筑的时间节点，大部分在 2020—2030 年（见表 10–2）。推动建筑迈向近零 / 零能耗是全球应对气候变化，实现碳中和的重要技术手段之一。借鉴发达国家经验，立足我国基本国情，提出我国多种应对碳达峰和碳中和战略的建筑节能标准中长期发展规划方案。发展近零能耗，最终实现零能耗 / 零碳建筑也是我国建筑节能工作的终极目标。

我国作为一个快速发展中的大国，区域经济发展不均衡，同时地域横跨五大气候区，气候特征差异，所以应该分地区，分类型提升强制性新建

表 10-2　世界主要国家实现近零能耗建筑 / 零能耗建筑政策信息

编号	国家 / 经济体	时间节点	实现目标	相关条例
1	美国	2030	零能耗	《联邦政府在环境、能源和经济表现方面的引领》（第 13514 号行政令）
2	日本	2020（公共建筑） 2030（全部新建建筑）	零能耗	《日本普及零能耗住宅的进度表》
3	欧盟	2018（公共建筑） 2020（全部新建建筑）	近零能耗	《建筑能效指令》
4	韩国	2017	近零能耗	《应对气候变化的零能耗建筑行动计划》
		2025	零能耗	
5	英国	2016（住宅） 2019（公共建筑）	零碳	《永续住宅技术规则》
6	德国	2020	零能耗	《建筑能源法》

建筑节能性能，在经济发达和技术成熟的地区率先提升建筑能效，积极鼓励和引导有条件的地区和类型，推广近零 / 零能耗建筑、零碳建筑，带动产业链成熟，降低新建建筑能效提升的增量成本，进而大规模提升。在提升的过程中以全文强制标准《建筑节能与可再生能源通用技术规范》为核心抓手，逐步提升至近零能耗建筑，最终实现零能耗建筑。同时建议制定明确的近零 / 零能耗建筑、零碳建筑实施时间表，为产业提升提供动力和目标，有利于产业提升产品性能，培育具国际竞争力的产业，为大规模推广奠定基础。

第二节　绿色建筑标准研究情况

我国已围绕“顶层设计—关键技术—工程应用”的技术路线，建立了适合中国国情的绿色建筑性能提升技术体系，建立了具有中国特色的绿色建筑技术标准体系。该体系涵盖基础标准、各类绿色建筑评价标准、改造评价标准和技术标准等多个方面，现有的绿色建筑标准 20 余部，能较好地实现对绿色建筑主要工程阶段和主要功能类型的全覆盖。现有绿色建筑标准体系框架如图 10–3 所示。

目前的绿色建筑标准体系是以评价标准作为发展绿色建筑的具体目标和技术引导，以相关工程建设标准（规范）作为绿色建筑实践的技术支撑和保障。

现行的《绿色建筑评价标准》系在 2014 年版标准基础上修订而成，主旨其实是为了落实党的十九大提出的提升建筑品质，提高百姓的获得感、幸福感。此次新《标准》的修订将原有的“节地、节能、节水、节材、室内环境、施工管理、运营管理”七大标准的指标体系，重新审定为“安全耐久、健康舒适、生活便利、资源节约、环境宜居”五大标准指标体系

对于绿色建筑设计阶段和运行阶段的评价，均由《绿色建筑评价标准》规定；而施工阶段和改造阶段则分别可依据《建筑工程绿色施工评价标准》《既有建筑绿色改造评价标准》评价（其中，《既有建筑绿色改造评价标准》又分为设计评价和运行评价）。因此，针对各主要工程阶段的绿色建筑评价均已有国家标准覆盖。

对于不同功能类型的绿色建筑，现有的《绿色工业建筑评价标准》《绿色办公建筑评价标准》《绿色商店建筑评价标准》《绿色饭店建筑评价标准》《绿色医院建筑评价标准》《绿色博览建筑评价标准》《绿色铁路客站评价标准》，可分别用于工厂、办公楼、商场、饭店、医院、博物馆/展览馆、

绿色建筑标准体系

基础标准

GB/T 51140—2015 《建筑节能基本术语标准》
JGJ/T 449—2018 《民用建筑绿色性能计算标准》
GB/T 51366—2019 《建筑碳排放计算标准》

通用标准

设计环节标准

JGJ/T 229—2010 《民用建筑绿色设计规范》
建办［2013］195 号 《绿色保障性住房技术导则》
建科［2015］179 号 《被动式超低能耗绿色建筑技术导则（试行）（居住建筑）》

施工与验收环节标准

GB/T 50905—2014 《建筑工程绿色施工规范》
建村［2013］190 号 《绿色农房建设导则（试行）》

运行与维护环节标准

JGJ/T 425—2017 《既有社区绿色化改造技术标准》
JGJ/T 391—2016 《绿色建筑运行维护技术规范》
GB/T 51141—2015 《既有建筑绿色改造评价标准》

检测与评价环节标准

GB/T 50378—2019 《绿色建筑评价标准》
GB/T 50878—2013 《绿色工业建筑评价标准》
GB/T 51255—2017 《绿色生态城区评价标准》
GB/T 50908—2013 《绿色办公建筑评价标准》
TB/T 10429—2014 《绿色铁路客站评价标准》
GB/T 51153—2015 《绿色医院建筑评价标准》
GB/T 51100—2015 《绿色商店建筑评价标准》
GB/T 51165—2016 《绿色饭店建筑评价标准》
GB/T 51356—2019 《绿色校园评价标准》
GB/T 50640—2010 《建筑工程绿色施工评价标准》
建科［2012］76 号 《绿色超高层建筑评价技术细则》
建科［2015］211 号 《绿色数据中心建筑评价技术细则》

专用标准

GB/T 51268—2017 《绿色照明检测及评价标准》

图 10-3 我国绿色建筑标准体系框架

火车站的绿色评价。在今后较短的一个时期内，还将有多部针对特定建筑类型的绿色建筑评价标准完成和发布，可望较全面地覆盖建筑的主要功能类型。

对于绿色建筑全生命期中的设计、施工、运行等阶段，专业技术人员和管理人员可分别依据《民用建筑绿色设计规范》《建筑工程绿色施工规范》《绿色建筑运行维护技术规范》的规定采取相应措施来开展具体的工程和项目实践。这些规范中的技术措施，可与前述评价标准中的目标要求相呼应，共同满足建筑全生命期中主要阶段的技术需求。

对于绿色建筑的实施或所涉及的一些特殊对象（或环节、专业等），有一些专门的标准可作为技术依据，例如《预拌混凝土绿色生产及管理技术规程》《民用建筑绿色性能计算规程》《既有社区绿色化改造技术规程》《绿色照明检测及评价标准》等。

第三节 建筑节能标准重点方向

中共中央、国务院印发的《国家标准化发展纲要》提到要建立健全碳达峰、碳中和标准，实施碳达峰、碳中和标准化提升工程。

低碳、节能、绿色、环保、循环经济是从多个不同角度对建筑行业低碳发展进行评价，在推动行业绿色可持续发展方面具有一致性，但在涉及具体目标和途径的过程中又有所差别。在“双碳”背景下，实施能源消费强度和总量双控任务，从之前的能耗向碳排放转变的过渡时期，还有大量的准备工作需要开展，在这个阶段，很有必要建立一个标准体系来指导标准的制定和实施工作。中国建筑节能协会于 2022 年承担了《建筑碳排放统计计量标准研究》工作，按照碳达峰、碳中和目标与重点任务的要求，城乡建设应用领域和应用场景，结合国家层面《建立健全碳达峰碳中和标准计量体系实施方案》要求，构建了建筑碳排放统计计量标准体系，该标准体系充分考虑与现有绿色制造标准体系、节能与综合利用领域标准体系的协调融合，作为建筑节能与绿色建筑标准体系的补充，可作为顶层设计文件指导建筑节能低碳相关标准编制工作。

建筑碳排放统计计量标准体系总体框架包括“应用领域”“涵盖范围”“支撑体系”3个部分，主要反映技术路线图各部分的组成关系。建筑碳排放统计计量标准体系总体框架如图10–4所示。

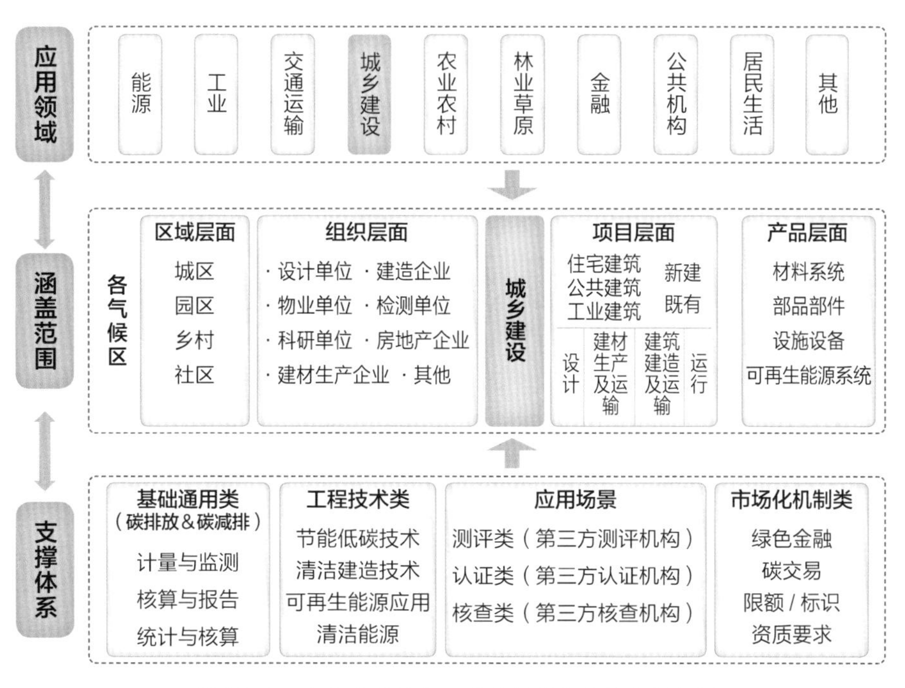

图10–4　建筑碳排放统计计量标准体系总体框架图

截至2024年10月，国家标准中除《近零能耗建筑技术标准》《绿色建筑评价标准》《建筑碳排放计算标准》和《温室气体 产品碳足迹 量化要求和指南》，与建筑领域节能低碳转型密切相关的国家标准《零碳建筑技术标准》《城乡建设领域碳排放统计计量标准》《建筑产品与服务环境声明（EPD）通则》《民用建筑碳排放因子基础数据标准》《建筑和土木工程词汇 第3部分：可持续性术语》等正在编制过程中，各地方标准和行业协会也分别结合地方特色和市场需求，结合标准体系开展建筑领域碳排放、碳减排、碳足迹等重点标准的编制工作，这些“双碳”标准的编制和建筑碳排放统计计量标准体系的建立对于促进绿色低碳发展、提升行业能效水平、助力碳减排目标实现、推动技术创新与升级、规范建筑碳排放计量、促进资源高效利用、增强国际竞争力与合作以及保障经济社会可持续发展等方面具有重要意义。

第十一章 建筑节能相关技术

第一节　减少建材使用碳排放

全球气候变暖问题日益严峻，碳减排是应对全球气候变暖的关键。建筑行业是目前温室气体排放量最大的行业，在全球排量中的占比高达37%。水泥、钢铁和铝等材料的生产和使用会产生大量碳足迹。然而，针对建筑中隐含碳的减排方案尚未得到广泛研究。2021 年全国建筑全过程碳排放总量约为 50.1 亿吨 CO_2，占全国能源相关碳排放的比重为 47.1%，而建材生产阶段碳排放 26 亿吨 CO_2，占全国碳排放总量的比重高达 24.4%(图 11–1)。由此可见，中国建筑隐含碳减排潜力巨大。

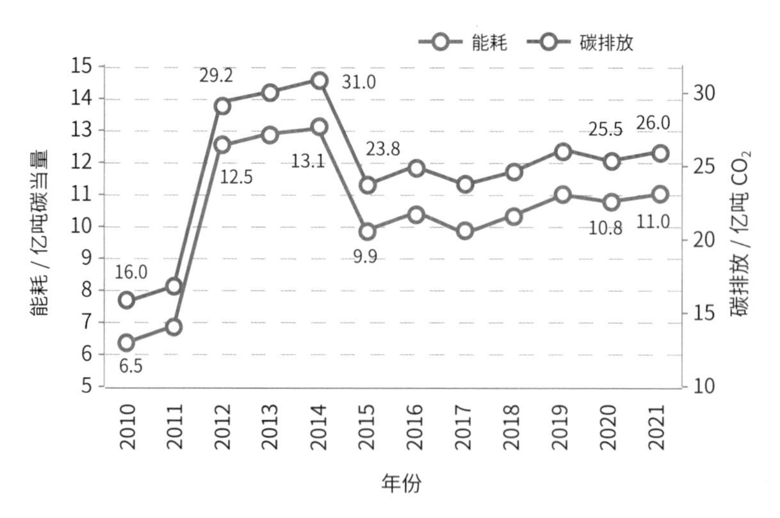

图 11–1　建筑业建材生产运输能耗与碳排放变化趋势

低碳环保将会是未来城市住宅的一大发展趋势，所以要从自然生态和低碳生活两方面着手规划。要创造这样一个空间：它充分融合低碳技术，拥有优美自然的环境，给予人类一个可以诱发创造力和生产力的活动空间；它可以提供一个更高层次的物质文化生活水平，具有可持续发展能力的节约资源，保护环境的居住环境。低碳、节能、环保是低碳经济型城市住宅应具有的3个特点。

> **低碳环保建筑**
>
> 是指在建筑材料与设备制造、施工建造过程和建筑物使用的整个生命周期内，减少化石能源的使用、提高能效、节省能源和水、降低二氧化碳排放量的新型环保建筑。

在地球环境破坏、全球气候变暖、提倡人与社会和谐、人与自然和谐的时代大背景下，提出了低碳环保建筑的研究，是为了在人类生活得到改善的同时能够使建筑施工和使用给环境带来的压力得到缓解，促进社会的全面协调可持续发展。

人们对低碳环保的关注随着国内外低碳环保观念的深入人心而越发密切。发达国家在近几年建立健全了建筑结构，包括木结构、竹结构、钢结构等。不仅用工厂化、机械化施工逐步替代了过去的全手工施工，还对建筑结构的防火、防震、防腐、防水、防虫等进行了一系列成效显著的科学研究。

轻结构钢在住宅中的应用

随着我国居民对美好生活的向往，对建筑环境和建筑质量的要求也逐步提升。在“双碳”背景下，钢结构体系逐渐走入了建筑市场。钢结构住宅以其结构体系的优越性（重量轻、强度高、抗震性好、结构安全度高），提高了住宅的抗震性，延长了住宅使用寿命。另外，墙体材料可配合选用节能、环保的新型材料，提升墙体的隔声性能；墙体结构也有多种墙板供选择，可根据不同地区气候，选择不同墙体来保证室内温度适宜，有效改善住宅质量，可满足居民要求。

钢结构厂房

高性能结构钢应用在钢结构住宅中，因其结构自重轻，强度高用料省，可减小结构内力，降低基础造价。可实现工厂标准化生产，现场安装，质量更易保证，工业化程度高，施工速度快，大大缩短了施工周期。

钢结构住宅可采用现场组装部件，干式施工，减少混凝土浇灌等湿作业所造成的环境污染。由于所需构件的截面小，增加了相同建筑面积下的建筑空间利用率，与砖混结构建筑相比，减少了黏土资源的消耗，钢结构住宅的发展成了保护土地的需要。另外钢材可以回收，再生利用率高，节能指标达 50% 以上，属于绿色环保建筑，钢结构住宅的产业化，符合可持续发展战略要求。

建筑钢结构现场焊接环境复杂、易出现焊接缺陷，且钢结构梁柱节点间采用焊接，在焊接节点处会形成残余应力，出现焊接裂纹等问题，使钢结构住宅的质量得不到保证。钢结构梁柱节点连接成了推行高性能结构钢在钢结构住宅中的应用产业化需要解决的问题。为避免该问题的产生，采取从焊接工艺及连接节点减少焊缝两方面进行研究可解决焊接出现的问题，从而保证钢结构住宅的质量。

通过对常见结构建筑材料的研究分析，尤其是钢结构建筑和其他结构建筑的比较，说明现代钢结构建筑在低碳环保方面要强于其他结构建筑。

竹结构在住宅中的应用

现代竹结构住宅主要结构构件一般采用工厂预制再搬运至现场拼装，可以利用下层楼层平面作为上层结构的施工平台。竹结构房屋一般采用浅埋基础，除了基础采用湿作业，其他都为干作业。另外，建造竹结构房屋

竹结构建筑

施工时间短，且不受雨雪等恶劣天气影响，结构构件可以现场制作也可以在工厂预制好再搬运至现场安装即可，施工就像搭积木。

竹结构良好的韧性具有很强的抵抗瞬间冲击负荷和周期性疲劳破坏的能力，并且竹结构住宅因为自重轻，有良好的抗震性。如果使用竹结构内外墙将传统的砖和混凝土内外墙替换掉，可以大程度减小建筑物自重，这样可以通过减小自重产生的地震力。同时，在地震发生建筑物震动摇摆时，可减少由于砖石填充墙的坠落造成的人员伤亡。

竹材是天然有机高分子聚合体，其组织结构主要由维管束和薄壁细胞组成。竹材内部空腔使得竹材的热传导速度慢，竹材人造板导热系数 0.14 ～ 0.18 瓦 /（米・开），远低于钢筋混凝土和黏土砖瓦。另外，竹结构住宅墙体和楼盖的空腔填充有保温棉。因此，竹结构的保温隔热性能要好于砖混结构或混凝土结构从而可以降低住宅使用能耗。

木结构在住宅中的应用

与传统木结构建筑不同的是，现代木结构建筑已经大量使用木质纤维板、刨花板、细木工板和强化木为原木的代用木，与传统木结构相比木材的利用率更高。此外，现代木结构建筑不再只是从建筑尺度、屋面做法和建筑装饰等方面进行建筑设计与施工的思考。而更多的是考虑建筑使用寿命、建造施工过程的低碳、建造材料的环保性、节能性以及使用时的抗震性和防火性等问题。保证了现代木结构建筑在使用过程中保温、隔热及降噪，从而减少了相应的取暖、制冷等使用过程中的能源投入，保证了使用中的低碳环保。这些技术在西方发达国家应用得较为好些。

在全球气候变化的大背景下，各国政府提倡绿色建筑、促进低碳经济发展，人们注重低碳、环保。从长远来看，低碳环保型钢结构建筑顺应时代的需要，必将获得长足的发展。

木结构建筑

第二节　建筑设计阶段的节能

气候变化与建筑节能设计之间存在着紧密的关联。随着全球气候的变化，建筑设计师们面临着越来越大的压力，需要通过创新的建筑设计和技术来减少碳排放，降低建筑对环境的影响，同时保证建筑的舒适度和功能性。从建筑设计角度来看，在建筑工程设计中合理引入节能设计，既是积极响应国家可持续发展战略的号召，也是减少能源消耗、降低建筑物碳排放的重要保障，有利于推动我国建筑行业实现碳达峰、碳中和。

设计阶段建筑节能的必要性

优化建筑工程施工设计，是能够保证节能降耗技术的价值得到全面发挥的重要手段之一。在节能降耗技术应用过程中，建筑工程企业应当从设计阶段开始，明确可持续发展的目标，对各个施工环节进行优化设计，以实现节能降耗的目的。

充分利用气候条件

建筑设计不仅仅是构建物理空间的艺术，也是一种对环境负责任的实践。利用所在地的气候条件，可以创造出既舒适又节能的建筑环境。建筑设计与所在地气候条件的协同，是创造可持续和宜居环境的关键。通过深入了解气候条件，采用合适的设计策略，不仅可以提升建筑的性能和效率，还可以为用户提供更加舒适和健康的环境。

契合资源可持续利用理念

节约能源资源是节能设计的核心理念，在建筑工程设计中有效应用节能设计，可以实现对现有能源资源的充分利用，以达到减少建筑能耗的目的，同时又能提高可再生能源的利用率。设计人员在建筑节能设计过程中遵循低碳环保、节约能源的原则，将节能设计贯穿于建筑工程设计全过程，可以确保建筑设计、建设施工以及后期使用环节均与资源可持续利用理念相契合，进而实现建筑工程设计综合效益的最大化，提高建筑的环保节能水平。

降低建筑物碳排放

与传统建筑工程设计目标不同的是，建筑节能设计更加强调整个建筑生命周期的降碳减排，以确保建筑投入使用后可以满足绿色低碳要求。因此，在建筑工程设计阶段，设计人员要进行合理有效的节能设计，充分考虑施工、运营阶段节能环保的要求，在减少能源消耗的同时增强建筑的环保性能。

改善周边环境

节能设计与建筑工程设计相结合，让设计人员在节能理念的引领下更加注重建筑周边环境的改善和优化，强调建筑与自然环境之间的协调。能够起到改善环境质量的作用，并对现有自然资源进行充分利用，设计人员需要以保护生态环境为主导，综合考虑建筑所在区域的地形、自然采光与通风条件等对建筑整体或局部进行规划和设计。

建筑节能设计策略

被动式建筑节能设计

合理规划建筑整体布局

建筑的布局和形态设计对于能源效率有着显著的影响。在设计初期综合考虑建筑整体布局，合理的设计可以最大化地利用自然光和风，减少建筑对能源的需求。结合建筑所在区域环境、气候等影响因素以及现场实际情况，将节能设计理念贯穿于建筑工程设计的全过程，再合理制定建筑节能设计方案，有利于降低建筑能耗。例如，根据当地气候和环境条件，设计合适的建筑朝向和形状，可以最大限度地利用太阳照射和自然通风（图 11–2）。同时，建筑的体量和比例也需考虑能效需求，通过减少不必要的外部表面积来减少热损失或过热。

建筑保温节能设计

在建筑节能的设计中，高效绝缘和隔热是关键。通过选择适当的绝缘材料和应用隔热技术，可以显著地减少室内外温度差异，降低冷热传导，从而有效降低采暖和冷却负荷，提升建筑的能源效率和舒适性。高效绝缘材料的选用是实现优越隔热性能的基础。这些材料通常具有良好的隔热特性，能够有效阻止热量在建筑内外的传输。优质的绝缘材料，如聚氨酯泡沫、

图 11-2 利用自然通风的建筑布局

玻璃纤维、岩棉等，能够在保持薄型设计的同时提供出色的隔热效果。在墙体、屋顶和地板等部位使用这些材料，可以显著降低热量的散失和传导，从而减少供暖和冷却系统的能量消耗。

门窗节能设计

建筑门窗能耗占建筑总能耗的 50%，建筑整体节能环节中，建筑外门窗作为建筑热传导、热交换最直接最敏感部位，是建筑能耗最大的部位，也是最易被忽视的部分，因此门窗节能设计是设计人员需要高度重视的环节，其节能效果对建筑整体保温性、采光性以及隔音性等均有较大影响。为了提高建筑整体保温及采光效果，并避免噪声污染，在门窗节能设计环节，设计人员除了要优选新型节能材料外，还要强化建筑门窗的功能属性。通过考虑窗户的开启方式和保温性能，可以实现自然通风，减少机械通风系统的使用。例如，在炎热的气候中，可以采用可控制的窗户设计，以在凉爽的夜晚引入新鲜空气，减少空调负荷。同时遮阳设施是控制太阳辐射

遮阳门窗

的关键。例如，在南向立面上设置遮阳板、百叶窗或阳台，可以在夏季有效阻挡强烈的阳光直射，减少室内的热量积聚。这有助于降低空调的使用频率，提高室内的舒适性。

主动式建筑节能设计

照明系统节能设计

电能消耗高是传统建筑照明设计普遍存在的问题，照明期间不仅会产生大量热量，破坏室内恒定温度，还会在某种程度上造成资源的极大浪费。针对照明能耗高的问题，设计人员可对建筑照明系统进行节能设计，合理引入照明节能技术。做好照明系统节能设计，既可有效改善传统照明系统能耗过高的问题，又能使照明系统与自然光源相结合，从而提高建筑物的采光与节能效果。例如，相较于传统建筑所用的荧光灯，选用电子镇流器、节能型电感镇流器等新型节能灯具，可以节约 60% 左右的能源。

室内节能照明

热泵空调设备的使用

热泵空调通过空气换热器与室外空气进行换热，制取冷热量，这个过程相比传统的制冷或供暖方式，能更有效地利用环境中的能量，从而提高能源的利用效率。在运行过程中，通过少量的电能驱动压缩机运转，实现能量的转移，而不是直接使用电能进行加热或制冷，因此可以大幅度减少能源的消耗。同时热泵空调能够方便地获取空气中的能源，不受地理条件和环境变化的限制，具有较强的适应性。因此，在建筑设计阶段引入热泵空调，不仅可以实现取暖与制冷的功能，同时还能达到节能环保的目的，符合可持续发展的理念。

热泵空调机组

智能建筑系统的运用

智能建筑系统是实现建筑节能的高效途径。通过设计建筑自动化系统，可以实现能源使用的实时监控和优化控制。这些系统可以根据建筑内部和外部环境的变化自动调节照明、暖通空调等设备的运行状态，从而优化能源使用效率。例如，智能传感器可以检测室内外温度、光照强度等参数，智能控制系统则可以根据这些数据自动调整窗帘、灯光、空调等设备的运行，实现能源的高效使用。

在设计阶段进行建筑节能的价值

综上所述，建筑节能设计的有效应用对减少建筑能源消耗、促进城乡建设领域低碳发展具有重要意义。设计人员根据建筑工程的实际要求，综合考虑各类影响因素，科学合理地制订建筑整体布局规划，加大主动式节能和被动式节能的设计力度，以提高建筑节能环保水平，助力建筑行业可持续发展。

第三节　施工技术的节能应用

气候变化对建筑施工阶段节能产生了深远影响。首先，随着全球气温上升，夏季的高温天数增加，这使得建筑施工阶段的降温需求增大，增加了能源消耗。其次，极端天气事件如暴雨、暴雪等频繁出现，给施工进度和施工质量带来了挑战，可能导致施工过程中的能源浪费。此外，气候变化还可能导致建筑材料性能的改变，从而影响建筑的能效表现。为应对气候变化带来的影响，施工阶段应采用有效的节能措施及节能技术，以降低能源消耗，从而为减缓气候变化做出贡献。

智慧建筑系统概念图

建筑施工节能的定义

在施工过程中，以节约资源、保护环境为目标，采用先进的技术手段和管理方法，最大限度地减少能源消耗，优先选用节能设备和技术，优化能源结构，降低能源消耗，提高能源利用效率。

节能施工技术和传统施工技术比较

首先，从目标导向来看，传统施工技术主要关注施工效率、成本和工期，往往忽视了施工对环境造成的负面影响。相对而言，节能施工技术除了考虑上述因素外，还将降低碳排放和资源高效利用作为核心目标，通过施工过程实现经济、社会和环境的协调发展。其次，在能源消耗方面，传统施工技术对能源消耗的关注较少，使用的设备和工艺可能不够节能。而节能施工技术非常注重节能技术和设备的应用，降低施工过程中的能源消耗，从而提高能源利用效率。最后，两者在材料使用上也有明显差异。传统施工技术对材料的选用主要考虑其性能和成本，而节能施工技术则更注重材料的环保性能，优先选择环保、可再生、可循环的材料，以降低对环境的影响。

节能施工技术在建筑施工中的具体应用

优化施工现场能源效率

能源效率优化是在施工过程中最大化能源使用效率，减少不必要的能源消耗。能源效率优化在建筑施工中的具体应用有以下几个方面：一是选用高效能源利用率的施工设备，如高效电动机、节能型照明系统等。确保这些设备在满足施工需求的同时，具有较低的能源消耗。优先采用节能型的建筑系统和设备，如高效空调系统、节能电梯等，以降低建筑物在运营过程中的能源消耗。二是实施能源计量和监控系统，实时监测建筑施工现场的能源消耗情况。通过对数据的分析，及时识别能源浪费的环节和潜在改进空间。三是对施工流程进行精细化管理，避免不必要的能源消耗。例如，合理安排施工时间，减少设备空转和待机时间，降低能源消耗。优化施工组织和计划，减少重复运输、无效搬运等造成的能源浪费。

采用装配式建筑

装配式建筑是在工厂制造并在施工现场组装的由预制部件制成的建筑物。这种设计实现了高度的标准化和信息化，有效减少了耗材的使用，节省了制造成本，尤其是在施工过程中，这样可以节省大量模板，减少现场搅拌产生的废水和污染，从而在一定程度上提高了施工效率，在一定程度上实现了建筑的绿色、环保。

装配式钢结构建筑施工现场

装配式住宅在解决城市人口居住问题以及城市环境污染等方面具有相当大的优势。与传统建筑相比，装配式建筑采用规模化的生产方式，可在一定程度上减少建筑材料的消耗、建筑垃圾的产生和生产活动中其他的能源消耗；施工过程采用多种机械化安装方式，在一定程度上减少了噪声、废物和废水排放，并减少了整个建筑生命周期的碳排放。

采用装配式钢结构建筑

装配式钢结构建筑的承重构件主要采用钢材制作，具有构件加工精度高、安装速度快、承载力高、抗震性好、节能环保等特点，装配式钢结构建筑是用钢型材构件作为支撑框架，以具有各种优良性能的墙体材料作为围护结构组装而成的建筑。利用社会化的大批量生产，把钢结构住宅的全部构建过程集中为一个整体的组织形式，形成了钢结构住宅产业化。钢结构是我国发展装配式住宅的合理选择，改进、完善钢结构建筑的发展是装配式住宅的必行之路。

装配式建筑施工现场

第四节　建筑运行阶段节能

建筑运行阶段能耗指当年既有建筑在运行过程中的能源消耗，包括采暖、空调、照明、动力等维持建筑使用功能的能耗，以及炊事、热水、家用电器、办公设备等室内活动的能耗。建筑按照功能分类，可分为城镇居住建筑、公共建筑、农村居住建筑三类，这三类建筑功能、运行方式、用能特点都有显著的区别，导致三类建筑运行管理、能源管理等方面具有较大的差异性。建筑运行阶段节能降耗的主要技术措施包括：建筑节能改造、建筑运行调适、建筑智慧管理、建筑行为节能等。

城镇居住建筑

公共建筑

农村居住建筑

建筑节能改造

我国现有建筑中运行超过 20 年的老旧建筑占比接近 20%，这些老旧建筑执行节能标准等级低，甚至部分建筑未执行节能标准，这些老旧建筑功能性、舒适性和健康性已经不能满足现代人们的需求，运行能耗偏高、设备运行效率低导致能源成本极大增加，这些老旧建筑亟须进行相应的节能改造。现有建筑节能改造技术措施包括三个方面。

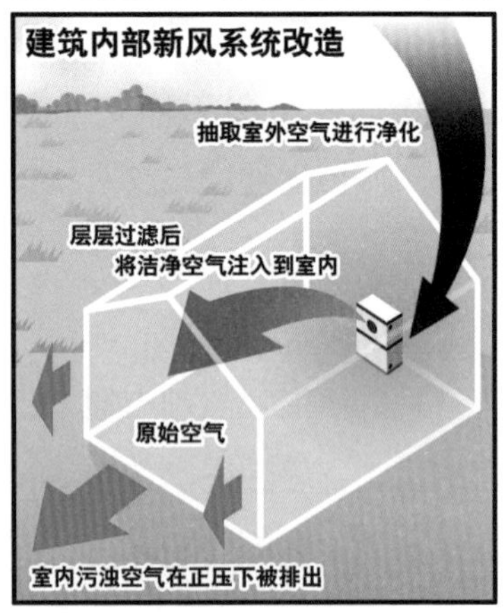

一是对建筑本体进行改造，更换保温气密性良好的门窗，建筑外墙、屋顶和地面铺设保温隔热材料，增加遮阳装置等措施。

二是对建筑用能系统进行改造，更换高效率制热和冷机组，更换节能灯具和电气设备，增加新风和通风系统，更换生活热水系统等。

三是增加建筑用能监管系统，安装智慧能源管理平台，安装设备运行计量装置，增加运行调控阀门，增加水泵风机变频设备等。

建筑运行调适

建筑运行调适是为了确保建筑物能源系统的工作处于最佳状态，满足建筑的使用功能要求。通过建筑能源系统调适，能够实现如下目的。

一是尽可能减少机电系统潜在的设计问题，减少设计中的潜在问题。

二是减少安装完工时的缺陷，通过一系列规范而严格的检查表，促使规范地进行施工，实现设计意图，早期发现错误的或建造阶段不完善的问题。

三是减少工期的延误风险。

四是缩短建筑移交周期，通过能源系统调适，建筑的能源系统运行良好，运行管理人员经过培训能集中精力保持机电系统的正常运行。

五是有效提升建筑品质，增加建筑的价值。

建筑智慧管理

随着科技的发展和进步，智能建筑将成为未来建筑领域的发展趋势，特别是建筑信息模型（Building Information Modeling，BIM）和数字孪生技术（Digital Twin Technology，DTT）的应用。所谓的智能建筑是指通过优化和组合建筑物内的结构和系统，以实现提高用户的工作效率、增强建筑的适用性和降低使用成本的建筑。在物联网技术的支持下，智能建筑可以实现对资源的采集、整合和分析，从而实现最优化的集成和应用。

建筑行为节能

建筑行为节能是一种具有中国特色的节能新理念，是指通过人为设定或采用一定技术手段或做法，使供电、供暖、供水等能耗系统运行向着人们需要的方向发展，减少不必要的能源浪费或有利于节能的行为。常见的行为节能方式有如下几种。

一是办公室内尽量不使用大功率耗电设备；在自然光线充足和不影响办公的条件下，尽量使用自然光，不开照明灯。

二是班时随手关闭电脑、电灯等电源；公共区域不需要的灯也请及时关闭。

三是夏季空调温度在国家提倡的基础上再调高 1℃。如果每台空调在国家提倡的 26℃基础上调高 1℃，每年可节电 22 千瓦时，相应减排二氧化碳 21 千克。

四是不使用打印机时，及时将打印机断电。每台打印机每年可省电 10 千万时，相应减排二氧化碳 9.6 千克。

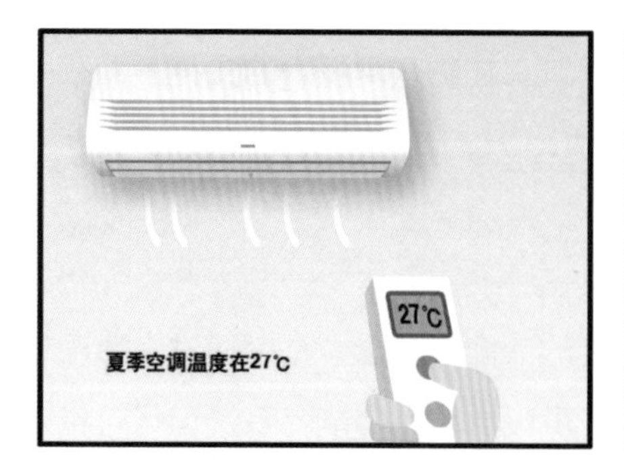

第十二章 建筑节能最新发展

建筑领域是碳排放的重要领域之一，据中国建筑节能协会《2023 中国建筑与城市基础设施碳排放研究报告》数据显示，2021 年全国房屋建筑的建材生产和运输、建筑施工和运行全过程的能耗总量为 19.1 亿吨碳当量，占全国能源消费的36.3%[①]。其中，建材生产运输阶段能耗为7.3亿吨碳当量，占全国能源消费比重 13.8%；建筑施工阶段能耗为 0.3 亿吨碳当量，占全国能源消费比重 0.6%；建筑运行阶段能耗为 11.5 亿吨碳当量，占全国能源消费比重 21.9%（图 12–1）。

与房屋建筑全过程能耗相比，2021 年全国房屋建筑的建材生产和运输、建筑施工和运行全过程的碳排放总量为 40.7 亿吨 CO_2，占全国碳排放

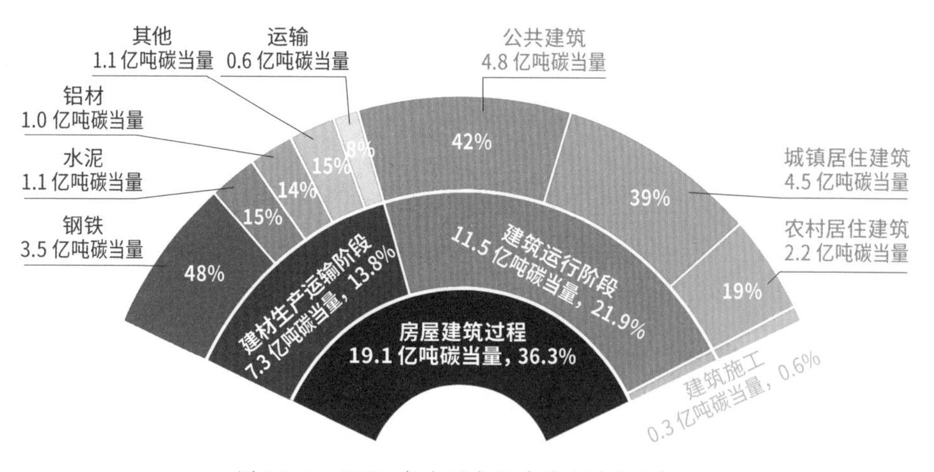

图 12–1　2021 年全国房屋建筑全过程能耗

①《2023 中国建筑与城市基础设施碳排放研究报告》中指出，若材生产运输和建筑施工阶段包括房屋建筑和基础设施工程两部分，则 2021 年建筑全过程能耗总量为 23.5 亿吨碳当量，占全国能源消费总量比重 44.7%。排放总量为 50.1 亿吨 CO_2，占全国碳排放总量比重 47.1%。

的比重为 38.2%。其中，建材生产运输阶段碳排放为 17.1 亿吨 CO_2，占全国能源消费比重 16%；建筑施工阶段碳排放为 0.6 亿吨 CO_2，占全国能源消费比重 0.6%；建筑运行阶段碳排放为 23 亿吨 CO_2，占全国能源消费比重 21.6%。

2021 年全国房屋建筑面积总量 713 亿平方米，建筑存量及运行阶段能耗和碳排放占比如图 12-2。

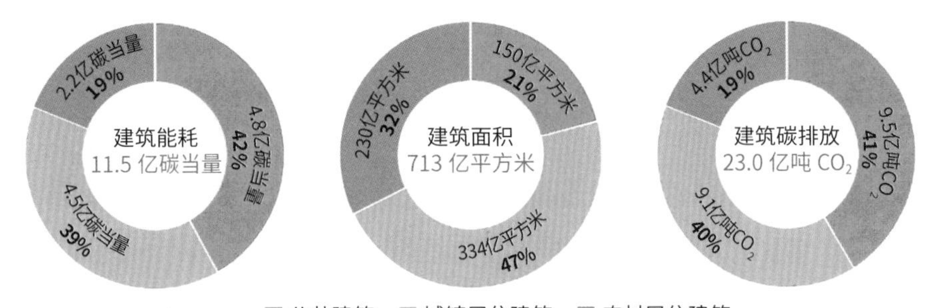

图 12-2 2021 年建筑存量及运行阶段能耗和碳排放

未来城乡建设领域的能耗与碳排放还将长期处于刚性增长阶段。经统计，未来刚性用能增长总需求为 15 333 万吨标准煤。

一是城镇化进程带来的建筑能耗增长。随着城市化进程的继续和经济的持续发展，建筑碳排放还存在较强的增长动力。由城镇化增长带来的建筑年度总能耗增加量将达约 2600 万吨标准煤。

二是舒适度、健康性要求提高带来的能耗增长。随着人民生活水平的提高，除了冰箱、空调等常用家电外，更多的消费者开始安装空气净化器、新风系统以及各类智能设备，预计未来每年居民家用电器增加电耗为 3579 万吨标准煤。

三是夏热冬冷地区采暖需求带来的能耗增长。近年来，夏热冬冷地区的冬季采暖需求愈发强烈，经调查研究，有78%的调查者认为有必要在夏热冬冷地区实施集中采暖，通过测算夏热冬冷地区城镇居住建筑采暖年度需求能耗为7624万吨标准煤。

四是农村地区采暖需求的增加。农村地区采暖正逐步从以分散取暖为主（主要使用小煤炉、土暖气、火炕等取暖设施）向使用天然气、电能、生物质能等清洁能源方式转变。经测算农村地区采暖年度用能需求增加约1530万吨标准煤，实现建筑领域的碳中和，对我国完成国际承诺目标至关重要。

第一节 我国建筑绿色低碳发展技术路径

发展被动式节能技术

被动式建筑技术源于德国被动房，是适应气候特征和场地条件，通过被动式设计最大幅度降低建筑供暖、空调、照明需求，充分利用可再生能源，以最少的能源消耗提供舒适室内环境的建筑。被动式建筑在我国主要的应用场景包括超低能耗建筑、近零能耗建筑和零碳建筑。

被动式建筑除了关注建筑的保温性能、高性能外窗、热回收装置、高气密性以及无热桥设计外，还对适应气候特征和场地条件有相应要求，如建筑在规划设计时，要充分利用自然通风、自然采光、太阳辐射的利用与遮挡以及绿植等天然生态系统（图12–3）。

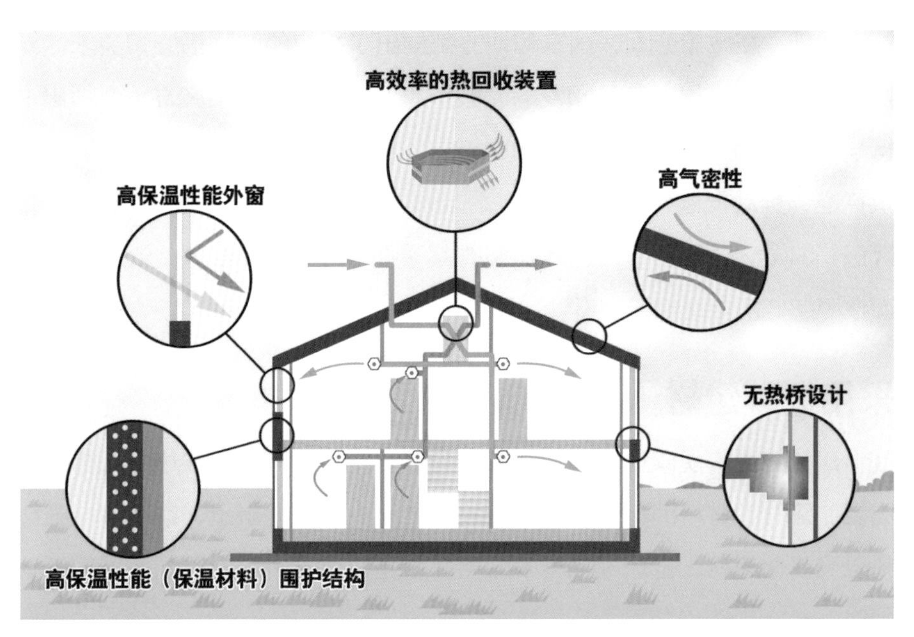

图 12-3　被动式建筑结构示意图

充分利用自然通风和采光的被动式建筑

另外，在政策方面，国家和地方都推出了相应的鼓励措施和要求，如住建部和国家发展改革委印发的《城乡建设领域碳达峰实施方案》指出：持续开展绿色建筑创建行动，到2025年，城镇新建建筑全面执行绿色建筑标准，推动低碳建筑规模化发展，鼓励建设零碳建筑和近零能耗建筑。《江苏省城乡建设领域碳达峰实施方案》要求：到2025年，新建建筑全面按照超低能耗建筑标准设计建造。

采用低碳建材

建材行业实现碳达峰对建筑领域乃至全社会如期实现碳达峰目标至关重要。建材中材料消耗量大且碳排放量高的主要有混凝土、钢铁、保温材料以及其他建材。全球越来越多的生产企业正逐步研发出不同类型的低碳材料。

低碳/零碳/负碳新材料

我国海螺水泥通过节能技改、余热发电、原料替代等方式大幅降低水泥生产过程中直接产生的碳排放，并在白马山水泥厂建设了全球水泥行业首个水泥窑碳捕集纯化示范项目，实现了对水泥窑尾气中二氧化碳的捕集与资源化利用。 芬兰某公司开发的负碳混凝土就是将二氧化碳结合到预制混凝土中。这种方法减少了生产混凝土所需的水泥量，还可以将传统水泥基混凝土的二氧化碳排放量减半。此外，预制混凝土构件原材料可以采用工业矿渣和生物灰，从而进一步减少碳足迹。该公司的工艺可以永久储存和去除碳循环中的二氧化碳，将产品的碳足迹降至-60千克/米^3，使其成为真正的负碳产品。加拿大公司Carboncure采用搅拌预混二氧化碳养护工艺，在搅拌的同时吸收来自于工厂尾气的二氧化碳，并锁在混凝土中。该工艺已被全球400多家企业使用。日本发明了一种负碳排放新型环保混凝土的方法“CO_2-SUICOM”，其排放量可达到- 18 千克，强度可达到甚至超过一般混凝土，内部致密性和耐磨性更高，用于制备顶板、边界石等预制件（图 12-4）。

图 12-4　多种混凝土低碳建材示例

新型保温材料

新型保温砌块包括高强度自保温砌块、承重型玻化微珠保温砌块、轻质混凝土复合自保温砌块、聚氨酯硬泡保温砌块、真空隔热板保温砌块、植物纤维石膏板自保温砌块等。

相变储能材料

相变储能材料是一种在某一特定温度下会发生物理相态变化，同时从环境中吸收和释放能量的材料，适用于建筑节能领域（图 12–5）。相变潜热能高、相变温度恒定且与实际温度范围匹配是相变储能材料的基本特性，可将其封装形成相变毯或相变垫，或将相变储能材料吸附到孔道内或制成微胶囊等方式与混凝土、砂浆、石膏等传统材料结合形成定型相变材料。总体上相变储能材料的成熟度还不高，但是它是一种有潜力的新型保温材料。

图 12–5 将相变毯铺设于屋顶

另外，棉麻保温材料、竹制品等低碳环保产品逐步在项目中得以应用，大大降低了建材的碳排放量（图 12–6）。

图 12–6 保温材料与竹制品

保温结构一体化墙体

装配式建筑的保温结构一体化墙体将保温材料与建筑结构有机结合，不仅可以很好地满足结构可靠性要求与建筑节能标准，还能够在建筑耐久性与防火性方面得到加强，能够与结构同寿命，实现了建筑的保温、隔热、防水等功能。这种结构体系具有施工速度快、质量稳定、成本低等优点，适用于住宅、办公楼等建筑。装配式建筑的保温结构一体化墙体技术已经在很多工程中得到成功应用，并取得了较好的实践效果。随着技术的不断改进和研发，该技术已经取得了较高的成熟度。

建筑电气化

电力碳排放因子较其他能源系统更小，故建筑电气化是实现低碳建筑的重要途径。实行用能全面电气化，降低建筑运行碳排放建筑全面电气化是“双碳”进程的关键环节。

建筑物电气化意味着取消使用化石燃料燃气器具，通过革新节能技术和使用节能电器，主要在热水、供暖、炊事等方面全面实行电力替代。

生活热水电能替代

目前全国制备生活热水大约造成全年二氧化碳排放 0.8 亿吨，用电热水器或热水热泵机组替代燃气热水器，是未来低碳发展的必然趋势。

供暖电能替代

供暖方面趋向于推广空气能热泵、构建新型低碳供热体系，利用高效电热泵作为替代热源，采用空气能热水器实现节能和经济效益（图 12–7）。

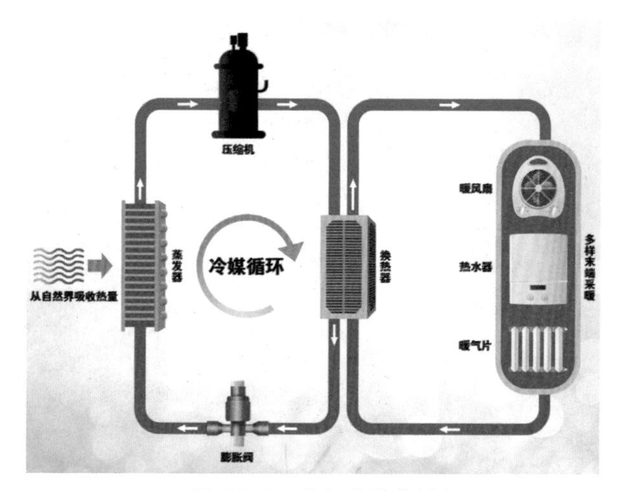

图 12–7　空气能供热原理

炊事电能替代

根据《中国建筑节能年度发展研究报告2023（城市能源系统专题）》，我国2021年建筑直接碳排放为5.1亿吨CO_2（二氧化碳），其中城乡炊事的直接碳排放约2.3亿吨CO_2，占比高达45%。厨房能耗占建筑能耗约20%。每年，厨房能耗约占我国能源消耗总量7%，而目前，全国95%以上的厨房还在使用燃油、燃气等化石能源。实现炊事电气化是炊事实现零碳的可行途径，如推进智能变频电气灶等全电气化炉灶技术的创新以实现电能替代和减少碳排放。

电能做饭

可再生能源应用

建筑减碳归根究底是能源问题，能源脱碳是低碳建筑最关键的技术，而可再生能源则是能源脱碳典型有效的应用形式。在建筑领域，可再生能源主要有太阳能光伏与光热、空气源热泵、地源热泵、风能等。

资源循环利用

雨水的收集和利用是一种常见的资源利用措施。可将收集的雨水经过处理后供给建筑物的冲洗、浇灌等用水需求。通过合理规划和设计，不仅可以减少对城市水资源的消耗，还可以降低排水系统的压力，实现水资源的循环利用。

可再生能源

雨水循环利用

建筑废弃物的利用也是一种重要的资源利用措施。将建筑施工和拆除过程中产生的废弃物，经过分类、处理和再利用，可转化为再生建筑材料。例如，废旧混凝土可以破碎再利用，制成再生骨料用于新的建筑工程；废旧木材可以加工处理用于制造新的木制品等。

智能化运维

在被动式设计、低碳化建造的基础上，智能化运维能将绿色低碳建筑得优势发挥得更充分。建筑楼宇智能化是节能提效的重要手段，通过打造自动化的节能系统达到降碳效果。在运营管理时，依靠物联网、大数据、人工智能等数字化技术对建筑能源、环境和使用者需求进行智慧调节。通过对建筑和建筑设备的自动检测与优化控制、信息资源的处理，实现对建筑物的智能控制与管理的同时，达到系统高效化、建筑低碳化运行的目标。

光伏建筑一体化

光伏建筑一体化（Building integrated photovoltaic，BIPV）是将光伏组件或光伏构件等有光伏发电功能的建材与建筑集成，满足建材的热工、抗震、抗腐蚀、抗风等各项要求，通过合理设计，实现光伏系统与建筑的融合，从而提升建筑的品质。光伏建筑无须额外占用土地，就地发电就地利用，实现建筑节能减排，可减少输配电网络的能源损耗，推动能源革命。近年来，国内 BIPV 技术发展迅速，成为光伏技术应用的重要方向。已经发布的有关光伏建筑政策、技术规范和标准大大促进了光伏系统在建

太阳能公寓

筑上的应用。但是相比常规的光伏地面电站，建筑光伏系统的应用有不同的特点和要求。光伏建筑的光伏系统应与建筑协调统一设计，以降低安装、运行成本，提高安全可靠性，提高光伏系统的效益。目前针对光伏建筑的特点和独特要求进行 BIPV 的设计和实施还缺乏全面、系统的指导。

光储直柔

光储直柔（PEDF），是在建筑领域应用太阳能光伏（Photovoltaic）、储能（Energy storage）、直流配电（Direct current）和柔性交互（Flexibility）四项技术的简称。

光：指的是太阳能光伏发电，在 BIPV 领域中，相关产品直接作为光伏建材使用，与建筑完美结合。

近年来，太阳能光伏技术有了快速的迭代与进步，发电效率不断提高，且单位容量的成本下降到过去的 1/10。晶硅组件与薄膜组件均在 BIPV 建筑中大放异彩。

储：指的是建筑中的储能设备，包括电化学储能、生活热水蓄能、建筑围护结构热惰性蓄能等多种形式。有效、安全、经济的储能方式对于可再生能源的高效利用来说至关重要。

近年来，电化学储能技术发展最为迅速，其具有响应速度快、效率高及安装维护要求低等诸多优势。可用于建筑储能的蓄电池主要包括锂离子电池、铅酸电池、镍镉电池等，电池技术呈现出成本减低和收益增加的趋势。建筑储能技术并非储能电池技术的简单移植，如何与建筑使用场景特点结合来保证电池安全散热，如何合理管理电池来匹配建筑负荷特性，都是储能电池应用于建筑场景所必须解决的关键。

直：指的是建筑低压直流配电系统。直流设备连接至建筑的直流母线，直流母线通过 AC/DC 变换器与外电网连接。

随着建筑中电源、负载等各类设备的直流化程度越来越高，建筑直流配电系统对于提高建筑的能源利用效率、实现能源系统的智能控制、提高供电可靠性、增加与电力系统的交互、提升用户使用安全性和便捷性等方面均具有较大优势。

柔：指的是柔性用电，也是“光储直柔”系统的最终目的。柔性建筑的概念是由国际能源署 IEA EBC Annex 67 课题系统提出：在满足正常使用的条件下，通过各类技术使建筑对外界能源的需求量具有弹性，以应对大量可再生能源供给带来的不确定性。

随着建筑光伏、储能系统、智能电器等融入建筑直流配电系统，建筑将不再是传统意义上的用电负载，而将兼具发电、储能、调节、用电等功能。

第二节　绿色建筑

近年来，我国大力推广绿色建筑，我国新建绿色建筑面积占新建建筑的比例已经超过 90%，全国新建绿色建筑面积已经由 2012 年的 400 万平方米增长至 100 多亿平方米。到 2025 年，城镇新建建筑将全面建成绿色建筑，我国已经成为全球绿色建筑发展的引领者。

过去 10 年间，中国承包商也为各国基础设施的绿色低碳转型发挥了积极的作用，例如中国企业在共建“一带一路”国家，完成了 3000 多个基础设施项目，其中很多都是绿色能源、绿色交通和绿色建筑类的项目，实现了共建“一带一路”国家经济增长与环境保护的良性循环，为当地可持续发展贡献力量，同时也推动全球向更加低碳的未来迈进。

从小项目到大工程，从中国到世界，绿色建筑正在受到越来越多的青睐。而中国多年来的建设经验和标准，也在共建“一带一路”过程中得以“走出去”，造福越来越多的国家和地区。在“双碳”背景下绿色建筑的发展也随之改变，具体可分为以下几个方面的趋势：

① 更加关注韧性；

② 使用可再生能源；

③ 追求极致性能；

④ 节约用水；

⑤ 绿色屋顶；

⑥ 关注建筑隐含碳；

⑦ 零废物建筑；

⑧ 氢能建筑；

⑨ 循环建筑。

消费者方面，随着消费者对环保和健康的关注度不断提高，市场需求将进一步推动绿色建筑的发展。消费者更倾向于选择具有环保、节能、健康等特点的绿色建筑，这将促使建筑行业不断加强绿色建筑的研发和推广。

行业方面，央企为代表的建筑企业集中度的提升已经成为不可逆转的趋势，这将推动绿色建筑在更大范围内得到推广和应用。

技术方面，随着大批试点项目建成或动工，预计新型的节能技术、可再生能源技术、智能建筑管理系统等应用于绿色建筑的速度将大大加快。

政策方面，“十四五”已经进入倒计时，预计强制性政策的比例将有所增加。同时还将采取多样化的激励措施来促进绿色建筑的发展。这些激励措施可能包括财政补贴、税收优惠、容积率奖励、绿色金融支持等。

第三节　近零能耗建筑

由于零能耗建筑实现上较为困难且成本高，欧洲目前公认更加广泛可实施的为“近零能耗建筑”(nearly zero energy buildings)。德国“被动房”就是一种近零能耗建筑。除了德国的“被动房”，还有意大利的“气候房”以及瑞士的“迷你能耗房”均属于近零能耗建筑。

欧盟 2007 年 7 月 9 日发布《建筑能效指令》(Energy Performance of Building Directive Recast，EPBD)（修订版），要求成员国在 2020 年 12 月 31 日前所有新建建筑达到近零能耗建筑。

我国于 2019 年发布了《近零能耗建筑技术标准》，该标准中定义近零能耗建筑包含：超低能耗建筑、近零能耗建筑、零能耗建筑。2024 年 03 月 12 日，国家发展改革委、住房和城乡建设部发布《加快推动建筑领域节能降碳工作方案》。其中提出目标：到 2025 年，城镇新建超低能耗、近零能耗建筑面积比 2023 年增长 0.2 亿平方米以上。

实现近零能耗建筑一是要充分降低建筑用能，二是要充分利用可再生能源。技术路径主要分为四步：第一步，基于对建筑负荷和相关能耗的预测，先通过“被动式”的优化设计降低建筑能耗；第二步，通过采用高性能建筑能源（如照明、冰箱等）系统、暖通空调系统的主动优化方式，进一步实现建筑节能；第三步，使用可再生能源来满足剩余能源的需求；最后，通过智能建筑运营管理系统的开发，实现建筑的自调试和自运行。

国家标准《近零能耗建筑技术标准》(T/CABEE 003—2019) 自 2019 年 9 月 1 日起实施。该标准为我国首部引领性建筑节能国家标准，以 2016 年国家建筑节能设计标准为基准给出相对节能水平，对能耗指标要求体系进行了完善，首次通过国家标准形式界定了我国超低能耗建筑、近零能耗建筑、零能耗建筑等相关概念。既结合了我国 1986—2016 年的建筑节能 30% ～ 50% ～ 65% 的三步走发展战略，又与我国 2025 年、2035 年、2050 年中长期建筑节能标准衔接，起到“承上启下”的关键作用（图 12–8）。

2019 年 12 月 20 日，中国建筑节能协会发布了团体标准《近零能耗建筑测评标准》，自 2020 年 2 月 1 日起实施。该标准是《近零能耗建筑技术标准》的及时补充和延续，对近零能耗建筑在设计评价、施工评价及运行评估阶段所需要提交的材料进行了规定。旨在对近零能耗建筑进行系统性的检测及评价工作，规范近零能耗建筑检测工作，指导近零能耗建筑项目的评价，推动我国近零能耗建筑的健康发展。该标准是中国建筑节能协会开展第三方评价管理的最主要技术依据（图 12–9）。

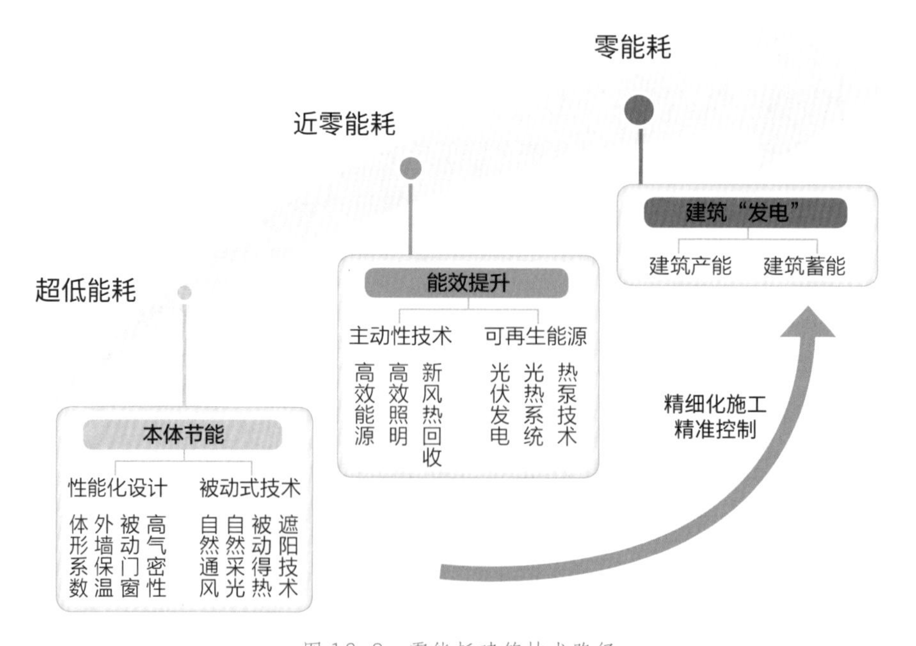

图 12–8 零能耗建筑技术路径

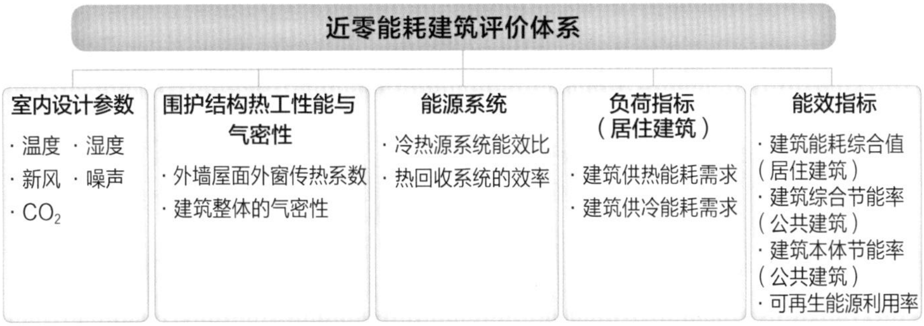

近零能耗建筑评价体系

室内设计参数	围护结构热工性能与气密性	能源系统	负荷指标（居住建筑）	能效指标
· 温度 · 湿度 · 新风 · 噪声 · CO_2	· 外墙屋面外窗传热系数 · 建筑整体的气密性	· 冷热源系统能效比 · 热回收系统的效率	· 建筑供热能耗需求 · 建筑供冷能耗需求	· 建筑能耗综合值（居住建筑） · 建筑综合节能率（公共建筑） · 建筑本体节能率（公共建筑） · 可再生能源利用率

图 12-9　近零能耗建筑评价体系

第四节　零碳建筑

零碳建筑是指充分利用建筑本体节能措施和可再生能源，使可再生能源二氧化碳年减碳量大于或等于建筑全年全部二氧化碳排放量的建筑。

零碳建筑考虑的不仅仅是建筑运行阶段的碳排放，更是全面考虑建筑建造过程中的隐含碳排放，目标是在建筑的全生命周期实现碳的零排放。

零碳建筑除了采用被动式建筑设计中的高效保温、高效节能窗等被动式节能技术外，更多的是通过主动技术措施提高能源设备与系统的效率。引入更多的智能控制技术充分利用可再生能源如光伏等，同时注重实现材料和产品的循环利用，有效地减少建筑全生命周期的碳排放。

2022 年 11 月，由中国建研院和中国建筑节能协会牵头编制的国家标准《零碳建筑技术标准》正式启动编制，该系列标准覆盖零碳建筑医院、社区、园区、校园的完整评价体系从不同维度和细分领域对零碳评价作出具体要求，具体指导我国零碳建筑、零碳医院、零碳社区、零碳园区和零碳校园的建设工作。

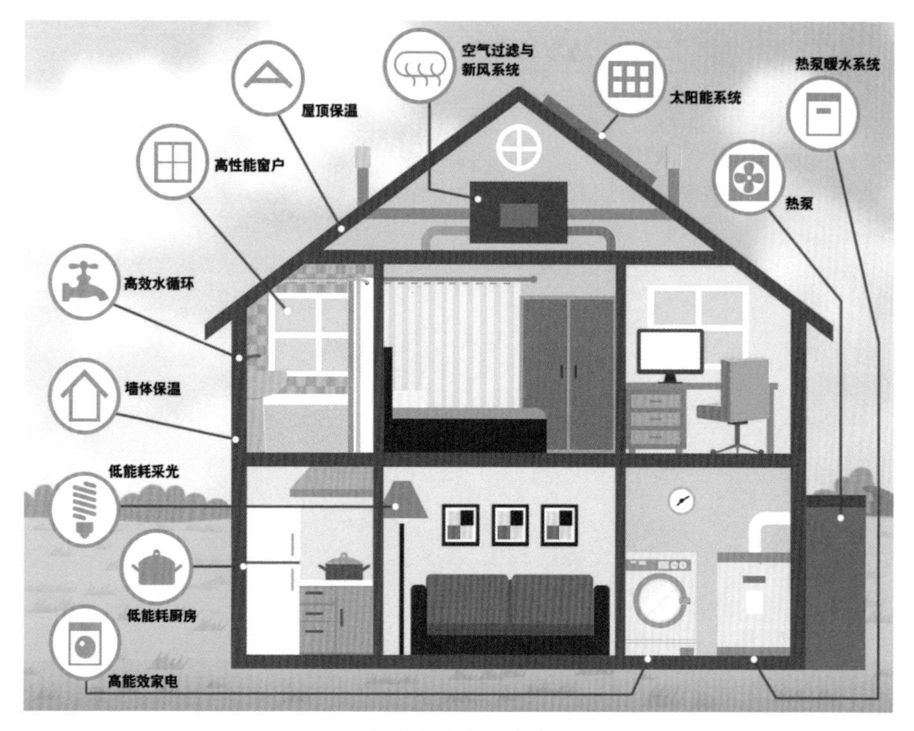

零碳建筑结构示意

根据住房和城乡建设部 2023 年 7 月发布的《零碳建筑技术标准》（征求意见稿）中的分类，零碳建筑可分为低碳建筑、近零碳建筑、零碳建筑、全过程零碳建筑 4 种类型。他们对应着碳排放目标实现的难易程度，实质属于同一技术体系。其中，低碳建筑节能水平略低于近零碳建筑，是近零碳建筑的初级表现形式；零碳建筑能够达到碳排放为零，是近零排放建筑的高级表现形式；全过程零碳是建筑材料生产运输等建筑全生命周期碳排放为零的建筑。零碳建筑主要通过以下几个方面来实现。

① 降需求：为了降低建筑用能需求，可以采取被动式技术手段，如被动式建筑设计、自然通风、自然采光、建筑遮阳隔热措施、围护结构热

工性能提升等，同时结合国家正在大力推广的《近零能耗技术标准》（GB 51350—2019）的最新应用技术。

② 提效率：通过提升主动式能源系统和设备单体的能效，如提高冷热源系统性能系数、新风热回收效率、地道风、照明系统及电器等设备的单体能效，并结合智能优化控制算法，可以进一步降低建筑能源消耗。

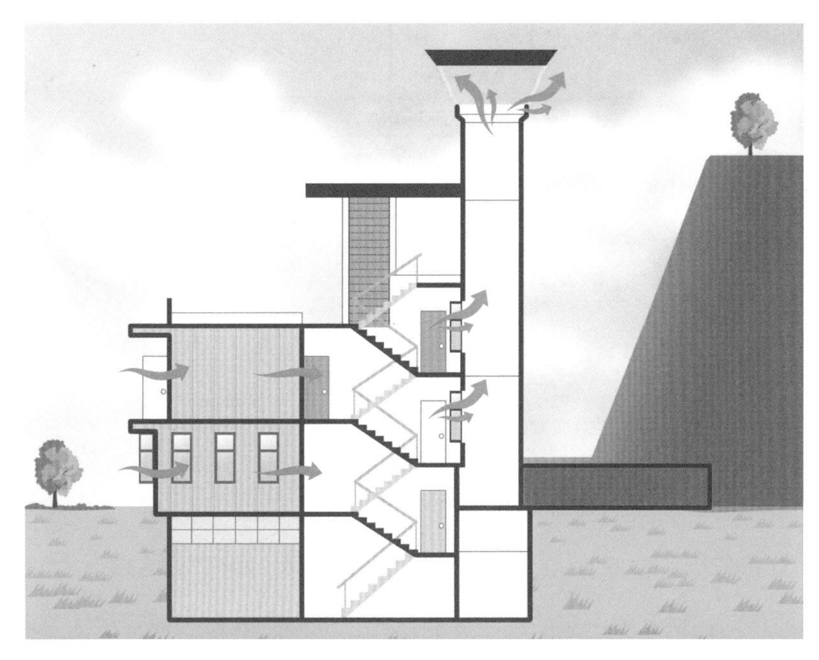

地道风技术

③ 拓应用：通过最大化利用太阳能、风能、地热能等可再生能源替代常规能源，也可以减少建筑的电力使用。

④ 增碳汇：在设计阶段应考虑到项目周边地势特点，增加可绿化面积，增加后山绿化土壤保持率，从而增加碳汇。同时也可以碳交易手段补充少量碳汇。

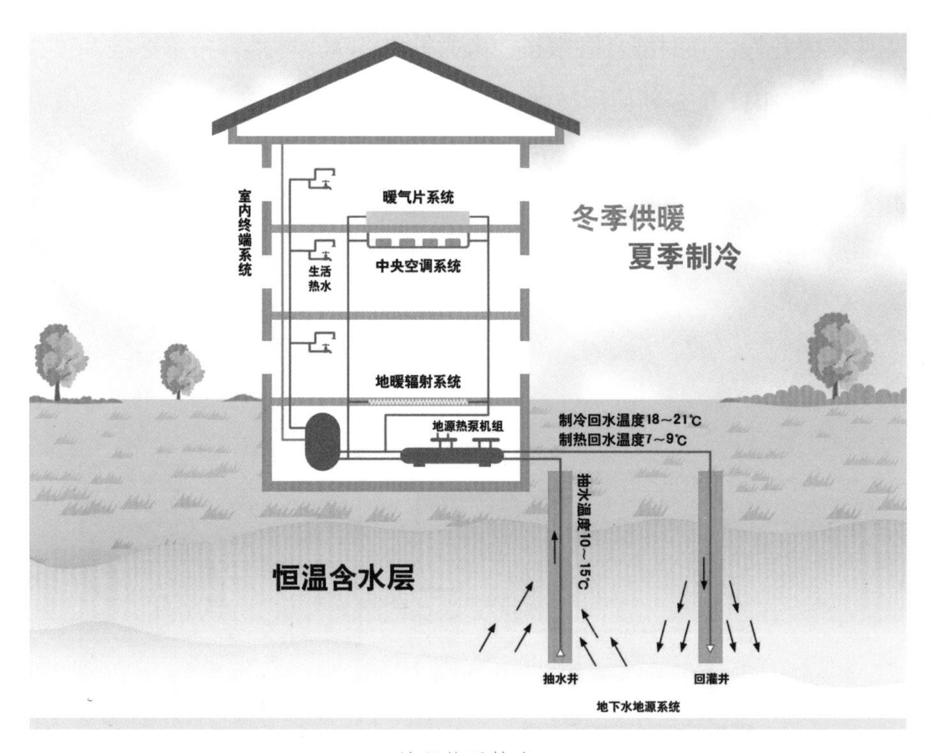

地源热泵技术

⑤ **促行为**：在促进人员的行为方面，可以引导来馆人员绿色出行、低碳生活方式，建立个人生活排碳计算机制，提高个人行为减排责任意识。

⑥ **可监控**：在能源监测与碳排放核算方面，应设置能源监测与碳排放核算管理平台，以方便管理和监控。

建筑的碳排放根据其使用生命期分为：建材生产运输碳排放、建筑建造碳排放、建筑运行碳排放和建筑拆除碳排放。

建材生产运输阶段的碳排放主要包括水泥、骨料、钢材、玻璃、橡胶等生产过程中机械的直接排放和间接排放，以及材料运输、装卸过程中设备的碳排放。

建筑建造和拆除阶段的碳排放应包括人工拆除和使用小型机具机械拆除使用的机械设备消耗的各种能源动力产生的碳排放。

建筑运行阶段碳排放的计算，应包括暖通空调、生活热水、照明及电梯可再生能源、建筑碳汇系统。建筑运行阶段是整个生命周期中碳排放量最长的阶段。零碳建筑是指在建筑运行阶段实现了碳中和的建筑。运行阶段的碳排放量采用如下公式计算：

$$E=\sum_{i=1}^{n}E_i-E_{\mathrm{KZS},\ i}-E_{\mathrm{TH}}$$

式中，E 为建筑运行阶段年二氧化碳排放总量，单位为吨二氧化碳当量；i 为建筑消耗终端能源类型，包括电力、燃气、是由、市政热力等；E_i 为建筑第 i 类能源消耗产生的年二氧化碳排放总量，单位为吨二氧化碳当量；$E_{\mathrm{KZS},\ i}$ 为核算单元 i 引入绿电或自产绿电所产生的年二氧化碳排放量，单位为吨二氧化碳当量；E_{TH} 为建筑绿化植被碳汇系统年减碳量，单位为吨二氧化碳当量。

第四篇

气候变化与建筑节能案例

在当今全球气候变化和资源日益紧张的背景下，绿色建筑已成为推动可持续发展、推进人与自然和谐共生的关键途径。本篇旨在通过介绍和分析国内外建筑节能典型案例，探讨绿色建筑在全球可持续发展战略中的重要作用，以及如何在不同地域、不同环境下实现绿色建筑的创新和应用。同时，也希望通过这些案例的启示，激发更多的人关注绿色建筑，共同推动人类社会的可持续发展。

第十三章 国内案例

碳达峰、碳中和作为中国未来 40 年的发展战略目标，也在潜移默化中影响着我们的生活。实现碳达峰、碳中和是一项长远而深刻的经济性变革与发展，推动绿色低碳技术的突破和实现，需要有更多领域的人才投入到实践中。建筑是城市化浪潮的重要表现形式，同样也是实现碳中和的重要途径之一。降低建筑碳排放量，推动绿色低碳领域的发展，助力实现碳达峰、碳中和，也是未来建筑行业需要关注的重中之重。

案例一　黄土高原上的延安枣园绿色新型窑洞

陕北气候变化特征

陕北位于黄土高原，那里的天气变化快，气候和气温变化也快，冬季寒冷夏季炎热。当地缺乏盖房子的木料，加之气候寒冷，风沙又大，一般砖木结构难以抗寒。而黄土高原土层厚实，黄土具有直立的特性，黏性大，无杂质。掏好的窑洞冬暖夏凉，而且建筑成本极低，只需有力气就可以搞定。窑洞还可以有效地防止风沙侵袭，这对于陕北干旱的气候条件尤为重要。陕北人住窑洞最根本的原因，是自然条件和地理环境所决定的。

主要做法

综合考虑当地的社会发展水平、地域建筑文化传承与绿色发展需求，创造性地提出“复式窑居”这一重构的黄土高原新窑居模式，见图 13–1。传承传统窑居的蓄热构造和典型的拱形结构及立面处理方式，辅之以附加太阳房辅助供暖构造、自然通风和采光等适宜性节能技术，继承传统窑居的节能经验和窑居风貌，又富有现代建筑气息，解决了空间单调、阴暗潮

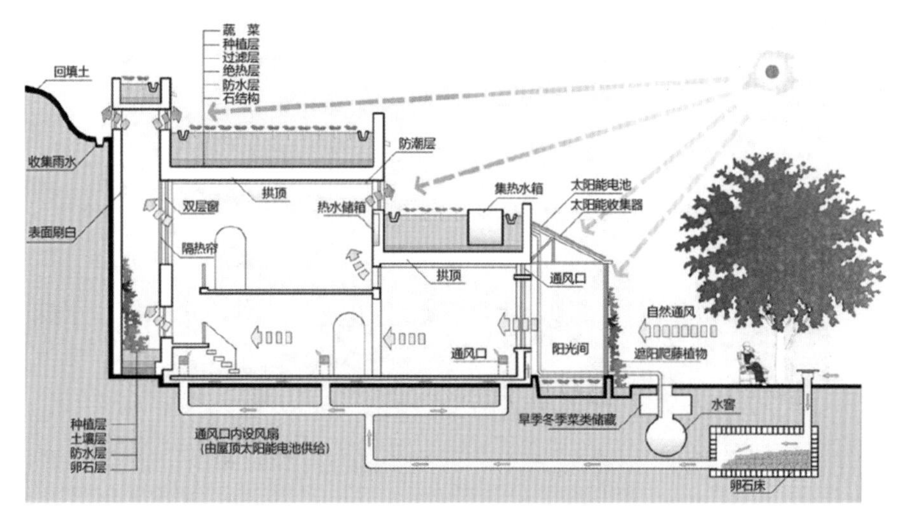

图 13-1　新型窑洞建筑设计原理图（刘加平 等，2003）

湿等问题，同时具备节能、节地、省材等绿色建筑特征。

以陕西延安枣园村为例，那里的新型二层结构窑洞便是这一理念的生动实践（图 13-2）。这些窑洞创造性地运用了地热与地冷循环通风系统，精准调控室内温度，为当地居民带来了前所未有的居住体验，极大地改善了生活条件。这一项目不仅是对黄土高原传统居住文化的现代诠释，更是绿色建筑理念在地域性建筑中的成功应用，成为了黄土高原新窑居建筑的杰出代表。

传统窑居的共性缺陷是空间单调、空气品质不佳、采光不均匀，不满足现代生活的需求；测试发现，尽管总体可达“冬暖夏凉”，但室内温度分布不均，窑脸处是保温隔热的薄弱环节，为此提出了保留传统窑居的厚重型结构，结合当地丰富的太阳能资源及改善室内热环境质量的设计思路，故新窑居模式的“内核”为“窑居太阳房”。进一步采用性能指标分析时，发现较其他太阳能集热部件，附加阳光间系统热性能最佳，且以二层窑居附以阳光间采暖，其太阳能供暖率和节能率等综合指标最优。因此，在新

图 13-2 延安枣园新窑居实景（杨柳 等，2021）

窑居设计方案实施时，选用了以附加阳光间为主的两层窑居形式。围绕这一核心进行优化设计，逐步提出新窑居设计方案的改进措施：采用南向蓄热墙体（A 型）—南向增设附加阳光间（B 型）—采用卵石床蓄热结合附加阳光间（C 型）—采用错层窑洞空间布局结合附加阳光间（D 型）—最终形成“南向阳光间集热 + 卵石床蓄热 + 错层空间热压通风”的优化方案（图 13–3）。

新窑居在平面布局上增加东西向跨度，缩短进深，以增大南向集热面积，并有利于窑居后部采光，避免过多的凹凸，减小体形系数，有助于减少采暖热负荷。窑居房间平面布置参考现代住宅设计原理，增设卫浴空间，按使用性质进行划分，厨房、卫生间和卧室分开，满足现代生活需求。同时，错层、多层空间与阳光间的结合形成丰富的窑居外部空间形态。

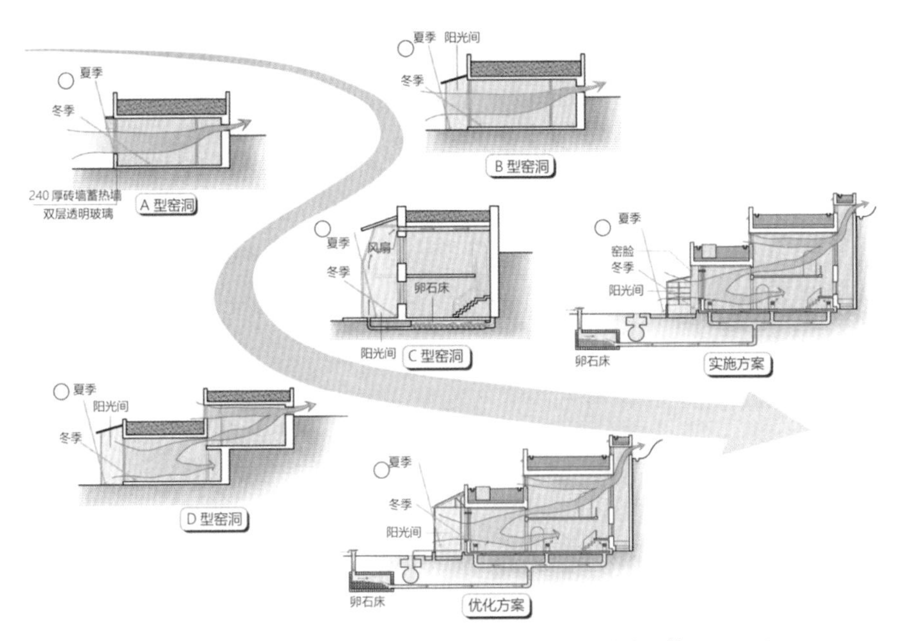

图 13-3　新窑居设计方案优化过程示意图（杨柳 等，2021）

实际成效

在夏季，室内温度可维持在较舒适的温度范围内（25℃以下），同时波动很小，比空调送风环境更加舒适，起到自然空调的作用。图 13-4 展示了新窑居室内夏季和冬季空气温度，由图可知，在冬季，室内温度维持在 10 ～ 15℃的基本舒适区间内，比传统窑居的室温提高了约 5℃，且温度场分布更均匀。室内采光系数明显高于传统窑居；同时，复式空间及通风开口的组织显著改善了窑洞内的通风情况。因此，对新窑居的问卷结果表明，新窑居的接受度较传统窑居显著提升。新窑居模式在陕西延安城乡地区成功建成约 5000 孔、10 万平方米，按国家建筑节能标准提供的计算方法，新窑居建筑节能率达到 80% 以上，远高于同期城市建筑的设计节能率。

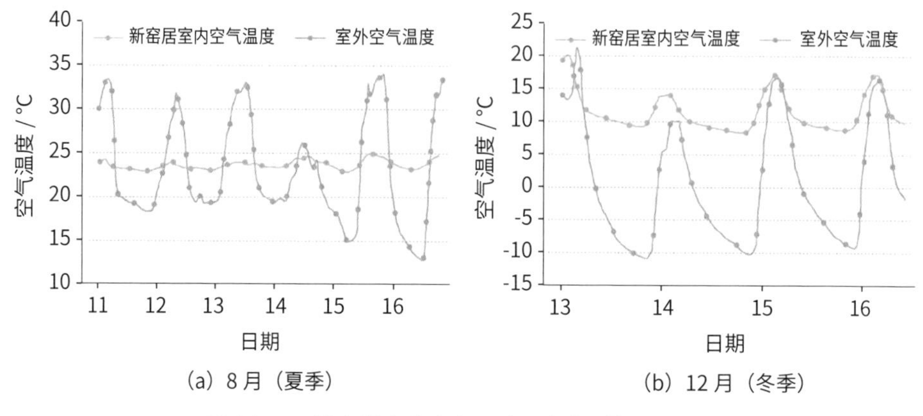

图 13-4 新窑居室内空气温度(杨柳 等,2021)

经验启示

陕西延安枣园村的新型二层结构窑洞为我们提供了宝贵的经验启示:在气候变化背景下,我们应坚持气候适应性设计原则,推广绿色节能技术,注重文化传承与创新,加强社区参与与民生改善,共同推动建筑行业的可持续发展。特别的是,黄土高原地区属于温带季风气候,冬冷夏热,传统窑洞利用黄土的保温性能,实现了冬暖夏凉的居住效果。新型窑洞在保留这一优点的基础上,通过引入地热、地冷通风系统,进一步增强了建筑的气候适应性,证明了在现代建筑中融合传统智慧,可以有效应对气候变化带来的挑战。

此外,本案例为中国陕北黄土高原乡村建筑的绿色转型与地域建筑文化的传承与发展,奠定了坚实的理论基础,并提供了可资借鉴的实践案例。它不仅展示了如何在尊重和保护地方特色的同时融入环保、节能的设计理念,还促进了乡村建筑与现代生活方式的和谐共生。

案例二　近零能耗农宅改造的北京大兴“天友 · 零舍”

基本情况

2005—2020 年，北京市的二氧化碳总量呈现出总体上升的趋势，增长率为 92.42 万吨 /10 年。期间虽然有波动，但总体水平是增加的。单位 GDP 二氧化碳排放呈现显著的下降趋势，每 10 年下降 0.073 吨二氧化碳当量 / 万元（图 13–5）。

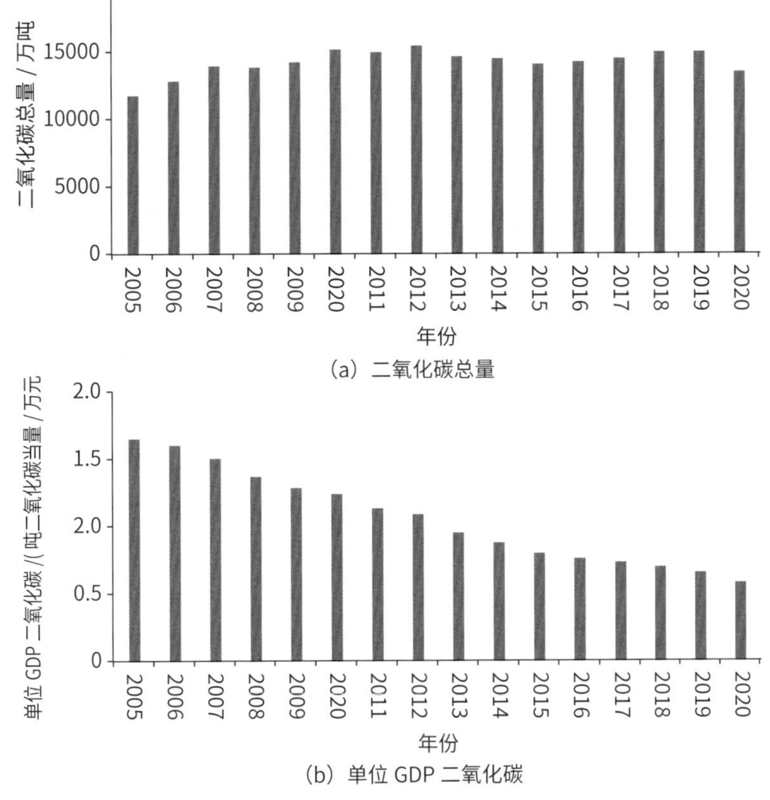

图 13–5　2005—2020 年北京市二氧化碳排放变化趋势

天友·零舍位于北京大兴区，建设规模400平方米，于2021年5月面向公众开放（图13–6）。天友·零舍建设项目针对性地呼应乡村生态和寒冷气候，运用被动房的技术策略来实现最小的能源需求，同时结合多种新型太阳能利用方式，实现近零能耗。通过对天友·零舍的改造，探索一种低成本的近零能耗农宅的实现方式，保留农宅的传统建筑特色，在农宅内引入新的功能，实现功能转换与乡村复兴。

图13–6　天友·零舍实景图
（图片来源："有方"网站《天友·零舍：近零能耗乡建实践 / 天友设计》）

主要做法

天友·零舍建筑的近零能耗路径是一个综合性的策略，它结合了被动式设计、主动技术优化以及可再生能源的充分利用。近零能耗农宅改造实现途径是针对性地呼应乡村生态和寒冷气候，运用被动房的技术策略来实现最小的能源需求，同时结合多种新型太阳能利用方式，实现近零能耗。加建居住部分采用了工厂预制模块，在现场组装完成。一方面在原建筑基础上增设被动式阳光房、楼梯间等过渡联系空间，降低建筑的体型系数，另一方面采取被动房标准的围护结构保温性能来保证建筑的节能效果（图13–7）。

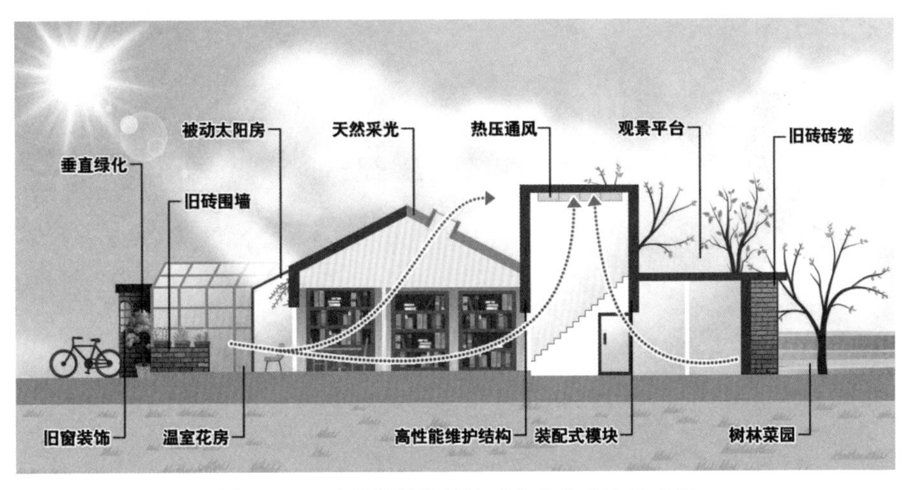

图 13–7　近零能耗路径被动式技术改造示意图

天友·零舍建筑是超低能耗与模块装配式相结合的乡村近零能耗建筑

（1）设计对适应单层院落布局的近零能耗建筑空间体系进行了改进。院落将建筑分为形体简单的三部分，并用被动式太阳房（图 13–8）和楼梯间风塔连接气密性单元，实现增强冬季热辐射和引导过渡季自然通风的作用。

（2）建筑实验了一种低成本的装配式居住模块。采用轻钢体系与 OSB 板复合的模式，内填外贴两种保温材料，以稳定系统的传热系数和气密性。从结构到内装修的标准居住模块在工厂就已完成，三个模块在现场组合，

图 13-8 建筑南侧的被动式太阳房实景图
（图片来源："有方"网站《天友·零舍：近零能耗乡建实践 / 天友设计》）

成为一套功能完善的居住单元。坡屋面用天窗实现天然采光，同时利用光伏瓦提供电能。

（3）运行阶段实现近零能耗，可最大限度减少空调、采暖、照明的能耗及碳排放。生产建造阶段调用乡土材料及当地的施工人员，以此减少运输施工的碳排放。通过上述减碳策略每年可减少碳排放 7.6 吨。

（4）天友·零舍的功能复合了展示、办公、图书、会议以及居住，可以成为乡村创客、低碳展示的使用空间。在空间模式上，保留了原始两进院落的布局，用太阳房、楼梯间风塔等既作为联系空间，又作为气候缓冲空间。

（5）天友·零舍采用了可再生能源补给，屋面采用了传统民居双坡形式选择的非晶硅太阳能光伏瓦，不仅能为建筑提供自然转换的电能和热能，减少后期居住使用能耗，同时在太阳的照射下，形成波光粼粼的动态景象。阳光透过彩色薄膜光伏顶落在阳光房的墙面上，彩色的光晕将艺术氛围融入室内空间。

（6）庭院和建筑立面集成了先进的绿色技术，书屋收集了近百本可持续建筑的图书，展厅集中展示了近零农宅的节能和建造技术，使之成为近零能耗农宅模式的展示与示范。将自然景观与传统院落进行了有机结合，从花园游走至书屋，氤氲的空气与阳光浸润着每一处角落，身心得到舒展。连接着展示与办公空间，将劳与逸互相通，从而实现了空间使用的最大化利用。

天友·零舍建筑是减少生态影响，实现净零能耗的碳中和建筑

（1）建筑延续了文脉中的庭院式布局，并设计为不同的绿色主题庭院。保持乡村生态和用地东侧、北侧高大的杨树，结合杨树和村口绿地设计了阶梯状的树林菜园，结合三个庭院的生态功能定义为不同的主题庭院——水庭院、太阳能庭院和废弃物装饰的零碳花园（图 13–9）。南侧庭院中设置一个温室，种植水培垂直农业组成的鱼菜共生系统。

（2）生活之美于自然与艺术之中，将低碳生活方式融入生态景观的塑造。以集成水院将雨水收集转化为菜园的天然灌溉系统。零碳花园则以废弃材料改造置景，辅以植被，真正实现了从建筑到居住的绿色低碳生活模式。

（3）能源系统通过主被动节能技术的集成应用实现能源平衡。被动式节能从太阳辐射的利用出发，采用超级保温围护结构、气密性单元及无热桥设计，将冬季采暖需求控制在 15 瓦以下，单位面积总能耗为 14.6

图 13-9 零碳花园实景图
（图片来源："建筑学院"网站《天友·零舍——近零能耗乡居建筑的实践与复兴 / 天友设计》）

千瓦·时 /（米 ^{2}·年）。主动式产能以太阳能光伏瓦和彩色薄膜光伏相结合的方式为建筑提供电能，太阳能热水系统为居住部分的厨房卫生间提供热水。

天友·零舍建筑是融入红砖乡土文脉与地域风貌的乡村建筑

建筑采用地域材料与砖木结构体系，尝试了砖混体系、轻木体系、模块装配体系不同的围护体系被动房构造，并结合红砖外墙形成夹心保温系统，以及光伏瓦的坡屋面系统，使得立面表现出传统乡村建筑风貌（图 13–10）。在碳汇方面，原有建筑周边种满了茂密高大的杨树，北侧的杨树林下设置了覆土的模块菜园，在庭院中增加了垂直绿化，温室花房中养殖了鱼菜共生的垂直农业。

图 13-10　夹心保温墙实景图
（图片来源："建筑学院"网站《天友·零舍——近零能耗乡居建筑的实践与复兴 / 天友设计》）

实际成效

天友·零舍从乡村可持续发展的未来出发，探讨了低成本近零能耗、低技术本土建造、多模式装配式体系的乡村近零能耗建筑技术与模式。建筑综合节能率达到 80% 以上（近零能耗建筑要求建筑综合节能率 ≥ 60%），据测算，每年可减少碳排放 7.6 吨。建筑每年总能耗为 5938.46 千瓦时，年产能 7130.7 千瓦时，从而实现净零能耗。

天友·零舍是按照国标“近零能耗建筑技术标准”建成并获得评价标识的国内第一座近零能耗建筑，荣获2020年世界建筑新闻奖（Wold Architecuture News Awards）可持续建筑类别银奖，同时也是北京市科委“绿色智慧乡村技术集成与示范”课题示范项目。

经验启示

本案例深入介绍了天友·零舍通过零能耗建筑理念与乡村复兴目标相结合，采用被动式超低能耗—主动式能源—可再生能源一体化的近零能耗路径，实现了一条低成本、生态友好的农宅改造之路。天友·零舍项目通过被动房技术策略的应用，采用工厂预制模块，采用高性能的围护结构、被动式阳光房等被动式节能技术，并结合了太阳能光伏瓦、太阳能热水系统等主动式产能技术，同时在保留农宅传统建筑特色的基础上，引入了新的功能，实现了近零能耗目标。这启示我们在进行建筑设计时，应深入了解当地的环境和气候条件，因地制宜地采取合适的节能措施；应积极探索和推广装配式建筑技术，实现建筑行业的可持续发展。

案例三　深圳建科院未来大厦“光储直柔”助力零碳建筑发展

深圳气候变化特征及碳排放现状

深圳是中国南部海滨城市，毗邻香港，地处广东省南部，珠江口东岸，东临大亚湾和大鹏湾；西濒珠江口和伶仃洋；南边深圳河与香港相连；北部与东莞、惠州两城市接壤。辽阔海域连接南海及太平洋。深圳属亚热带季风气候，长夏短冬，气候温和，日照充足。年平均气温23.3℃，历史极端最高气温 38.7℃，历史极端最低气温 0.2℃；一年中 1 月平均气温最低，平均为 15.7℃，7 月平均气温最高，平均为 29.0℃；年日照时数平均为 1853.0 小时（图 13–11）。

以附近城市广州的碳排放为参考。2005—2020 年，广州市的二氧化碳总量呈现出总体上升的趋势，增长率为 28.37 万吨 /10 年。二氧化碳总

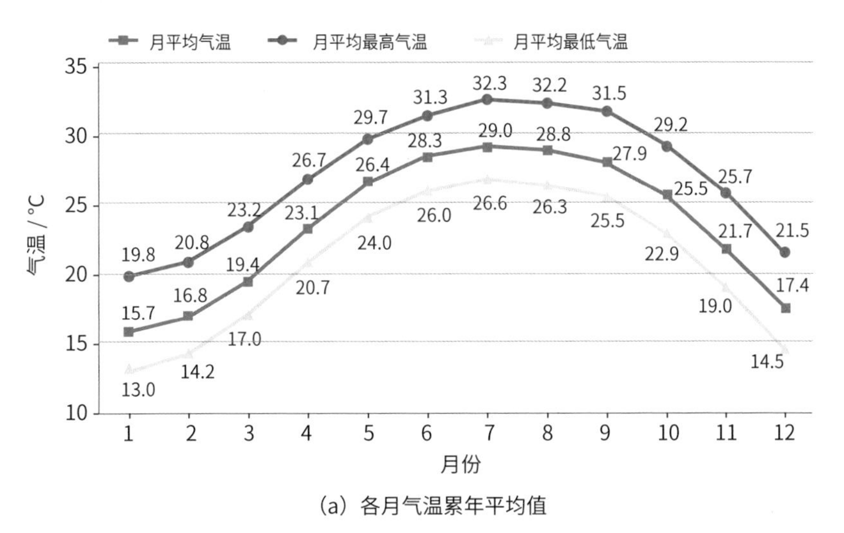

(a) 各月气温累年平均值

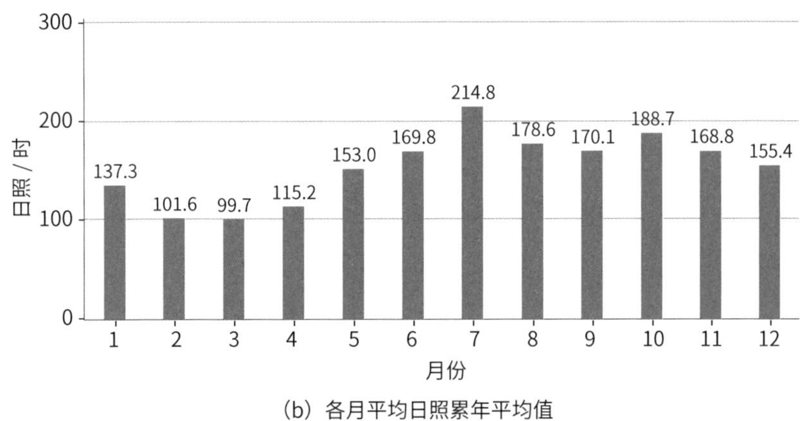

(b) 各月平均日照累年平均值

图 13–11　深圳市 1991—2020 年各月气温和平均日照累年平均值
（数据来源：深圳气象局）

量的最高值出现在 2010 年，为 5975.6 万吨；最低值出现在 2005 年，为 2366 万吨。自 2005 年起，广州市的单位 GDP 二氧化碳排放量逐年减少，从 2005 年的 0.47 下降到 2020 年的 0.18，下降约 61.7%（图 13-12）。

深圳的亚热带季风气候特征，尤其是其丰富的日照资源，为“光储直柔”技术中的光伏发电部分提供了天然优势。深圳建科院未来大厦充分利用这一优势，通过采用强调自然光、自然通风与遮阳、高效能源设备及可

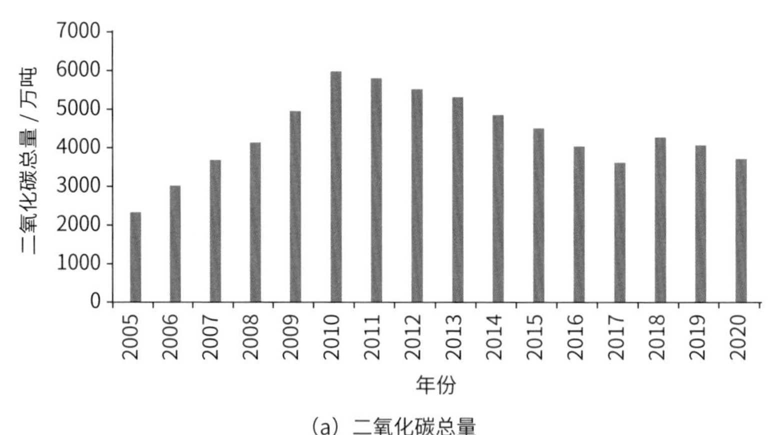

(a) 二氧化碳总量

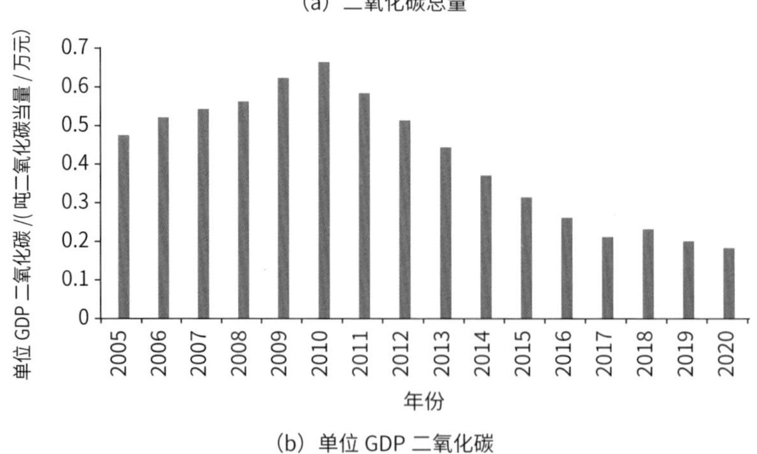

(b) 单位 GDP 二氧化碳

图 13-12 2005—2020 年广州市二氧化碳排放变化趋势
（数据来源：公众环境研究中心）

再生能源与蓄能技术集成的“光储直柔”的技术路线，建造夏热冬暖地区净零能耗建筑。这一举措直接响应了深圳市近年来在碳排放控制方面的努力，特别是在面对二氧化碳总量逐年上升的挑战时，未来大厦成为了减少碳排放的生动案例。

主要做法

深圳建科院未来大厦“光储直柔”项目位于深圳市龙岗区的深圳国际低碳城核心启动区内，是全国首个走出实验室规模化应用的全直流建筑项目，总建筑面积 6.29 万平方米，于 2020 年投入测试运行（图 13–13）。未来大厦整体采用钢结构模块化的建造方式，包括了办公、会展会议、实验室、专家公寓等多种业态。整体定位为绿色三星级建筑和夏热冬暖地区

图 13–13　未来大厦项目实景图

净零能耗建筑，采取了强调自然光、通风与遮阳被动式节能技术、基于直流配电的“光储直柔”技术、与电网互动的“虚拟电厂”技术。

未来大厦项目基于低压直流配电技术构建了集成屋顶光伏、多种建筑分布式储能和直流用电电器在内的“光储直柔”系统，采用了基于直流母线电压的自适应控制技术，解决了传统交流并网光伏系统出力随机，储能和光伏耦合控制稳定性差的问题，特别适合负荷需求多样化、分布式新能源接入规模化的发展要求。系统整体架构参见图 13–14。在白天阳光充裕时，光伏系统自发自用，并将多余的电力储存到储能系统中；在夜间或阴天时，储能系统则释放储存的电力为建筑供电。这种“自发自用、余电储存”的模式不仅提高了可再生能源的利用率，还降低了建筑对市政电网的依赖。光伏系统通过具备 MPPT（最大功率点跟踪）功能的直流变换器接入建筑直流配电系统的直流母线。这一设计使得光伏系统能够自动跟踪并保持在最大功率点运行，从而最大化发电效率。同时，智能控制系统还能够根据电网需求和建筑用电负荷的变化，自动调节光伏系统的输出功率，实现电力的灵活调度和供需平衡。

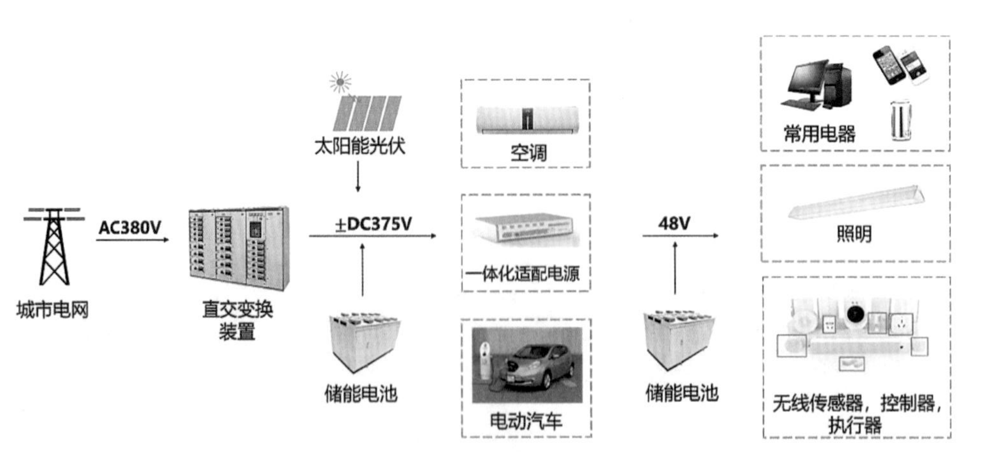

图 13–14 未来大厦直流配电系统方案示意图
（引自《中国建筑节能年度发展研究报告 2022》）

“光储直柔”是使建筑用电负荷具备灵活调整能力，能够优化用电负荷曲线，与电网友好互动，实现城市供能可靠性、用能经济性和环境友好性三者综合最优的集成技术，能够保证本项目全年80%的时间可以不依赖市政电网进行离网运行，全年建筑用电峰值负荷降低幅度达到64%，屋顶光伏发电的自用率达到97%，实现了可再生能源、直流和变频负荷的高效接入和灵活管理，并根据负载变化和需求提供高效、灵活、安全的供电功能。

实际成效

本项目在2020年8月—2021年8月实测得到的单位面积能耗为51.1千瓦·时/米^2。比同期深圳市同类办公建筑平均全年能耗水平91.8千瓦·时/（米^2·年）降低46.6%。本项目与南方电网联合开展需求响应测试，在半个小时的响应时间内将平均60千瓦左右的用电负荷降到了28.9千瓦，响应削峰比例达到了51.6%。本项目2022年平均每度电价格0.46元/（千瓦·时），与同期深圳市工商业平均度电价格相比节省43.9%，环境效益和经济效益显著。

2022年未来大厦被列入深圳市首批近零碳排放建筑试点，也作为第一批民用建筑接入到深圳市虚拟电厂平台。未来大厦入选了联合国开发计划署（UNDP）中国建筑能效提升示范项目。未来大厦荣获国际主动房联盟最佳设计预见–建造（Best Design Foresight–Built）奖，同时其中光储直柔、直流建筑示范等技术被正式写入国务院文件《2030年前碳达峰行动方案》中，未来规模化推广将使建筑不仅是能源的消费者，同时也是能源的生产者，并且能与电网友好互动，协同促进全社会的碳达峰、碳中和进程。

经验启示

未来大厦的成功实践揭示了技术创新在推动绿色建筑和积极应对气候变化中的重要地位。它采用的“光储直柔”技术，不仅集成了光伏发电与高效储能系统，显著提升了建筑能源利用效率，还大幅降低了碳排放，有效减少了化石燃料燃烧所产生的二氧化碳。光伏发电是“光储直柔”技术的重要组成部分，它利用太阳能这一可再生能源进行发电，减少了对有限且高碳排放的化石能源的依赖。这有助于推动能源结构的转型，促进可再生能源的广泛应用，从而减缓气候变化的影响。这一成果与全球致力于减少温室气体排放、缓解气候变化的努力高度契合，为绿色建筑的发展树立了典范。

当前在“双碳”目标下，风电、光电将是未来可再生电力系统中最主要的电源，容量将在未来电力系统中占 80% 以上，发电量占 60% 左右。随着可再生电力高比例渗透，灵活性将成为保障电网安全的重要资源。建筑需要从传统的单一的电力消费者，逐步融合光伏、储能、电动车转型为“产、消、调蓄”三位一体的新角色。

第十四章 国际案例

案例一 对抗炎热气候的巴西熊洞酿酒房

基本情况

巴西不同地区的平均气温差异很大。在该国北部的亚马孙地区，全年平均气温一般在 30℃左右；在东海岸的里约热内卢地区，平均气温约为 25℃，夏季达到峰值；在南部的圣保罗和库里蒂巴，平均气温在 20 ~ 25℃之间波动。

巴西熊洞酿酒房位于巴西东南部圣保罗州东北部地区，2017 年建成，建筑面积 2000 平方米（图 14-1）。该项目采用多种当地建筑语言，并利用当地的自然环境条件，不封闭室内环境，不倚靠空调技术，在极端炎热和通风不良的地区创造宜人的小气候环境。

图 14-1 巴西熊洞酿酒房实景图
（图片来源："建筑学院"网站《熊洞酿酒房，对抗炎热气候的环保方案》）

主要做法

项目利用既存于周围环境中的事物，比如两棵大树的树盖。这两棵大树在一天的大部分时间里都能为这块场地创造遮挡。巨大的圆形大厅安置在地平面下沉 1.5 米处，从地下挖掘出的土壤被重新安置，在中央大厅旁堆成 3 米的斜坡，形成了巨大的热惯性屏障，就像在洞穴中一样。带有天窗的圆形翼状屋顶优化了自然循环，并能捕捉任何方向的风，像是伊斯兰建筑中常见的风收集器一样。

在大厅的中央是一个八边形结构建造的玻璃地面和连接的一组运河，见图 14–2。所有通风和空气调节的功能都通过地板上的格栅实现，格栅连接着这些通道，这样空气就可以得到更新和增湿，得以自然降低温度，就像中世纪的古堡一样。这些措施加起来让室内温度与外部相比降低了约

图 14–2　熊洞酿酒房内部实景图
（图片来源："建筑学院"网站《熊洞酿酒房，对抗炎热气候的环保方案》）

15℃，而不需要空调机（设计中存在空调，但仅在极端高温的情况下使用）。此外，为了降低项目周围的温度和减少热量聚集，在周围种植了原生树木。

该项目在空间上没有封闭，所以从内部空间的任何角度都可以看到花园和天空。自然光和人造光之间的平衡是通过天窗和托盘状的人造光来达到，这使得房间的自然采光率很高，同时也形成了对热辐射的阻挡，有助于降低室内温度。开敞的环境使得空气通过交叉通风和对流得到更新。地下浸水管道有助于加湿、过滤空气和降低温度。

除了上述生物气象方面的考量之外，从结构角度看，熊洞酿酒房的整体造型也很突出。由于整体是圆形的，它允许堤岸土地由预制混凝土支柱（通常用于为垄沟铺设渠道）和格宾网墙来联合支撑，用低成本的措施取代大型结构，从而减少了浪费、不必要的劳动和保证了在地材料的使用。用聚氨酯夹层砖铺成的轻质屋面让胶合梁制成的轻质支撑结构成为可能，这也有助于减小地基的厚度。附属建筑物由废弃的集装箱，以及在该区域运行的一辆本地公交车构成。

实际效益及推广价值

本案例介绍了巴西熊洞酿酒房在充分利用自然环境、创新建筑形态与结构、优化自然通风与采光、注重生态环保与可持续性、多功能与灵活性以及气候适应性设计等方面的对抗炎热气候的环保策略。项目巧妙地利用了两棵大树的树盖为场地提供遮挡，减少了直射阳光对建筑的影响，降低了建筑内部的温度。在建筑设计中应充分考虑和利用周围环境中的自然资源，如树木、地形等，以实现节能减排的目的。巨大的圆形大厅下沉设计以及利用挖掘出的土壤堆成斜坡，形成了热惯性屏障，有效隔绝了外部热量。这种创新的建筑形态和结构不仅美观，而且极大地提高了建筑的隔热性能。带有天窗的圆形翼状屋顶能够捕捉任何方向的风，优化自然循环，实现了无须空调即可降温的效果。同时，天窗和托盘状的人造光平衡了自然光和人造光，提高了自然采光率并阻挡了热辐射。这启示我们在建筑设计中应注重自然通风和采光的优化，以减少对人工能源的依赖。

案例二　具有防洪韧性的美国波士顿大学计算与数据科学中心

基本情况

美国波士顿大学计算与数据科学中心，巍然耸立在查尔斯河畔，楼高19层，占地面积345 000平方英尺[①]，是波士顿大学的地标性建筑（图14-3）。它改变了学校的天际线，实现了可持续发展目标，并将以人为本的设计放在首位，最大限度地加强了合作与互联，实现垂直校园。该建筑的正式落成在城市与全球范围内彰显了波士顿大学的活力，同时为21世纪大学的教学和研究提供了一流的设施。作为波士顿最大型的无化石燃料可持续建筑，这座建筑垂直耸立在查尔斯河畔，大胆地重塑了波士顿的天际线。

图14-3　美国波士顿大学计算与数据科学中心实景图

① 1英尺=0.3048米，1平方英尺=0.0929平方米，下同。

主要做法

图 14-4 为波士顿大学计算与数据科学中心建筑设计剖面图。建筑外形以 19 层高的悬挑体量为特点，带有 8 个绿色露台，将空间与自然环境结合。建筑立面由一系列倾斜和对焦的百叶窗组成，是朝向场地唯一的阳面。该建筑用偏移堆砌的书堆形状让一系列的屋顶梯田和绿色屋顶一路上升，而不仅仅是在顶部才能种植绿化。这座大楼以 305 英尺高度成为波士顿大学校园最高的建筑，坐落在校园英联邦大道上。

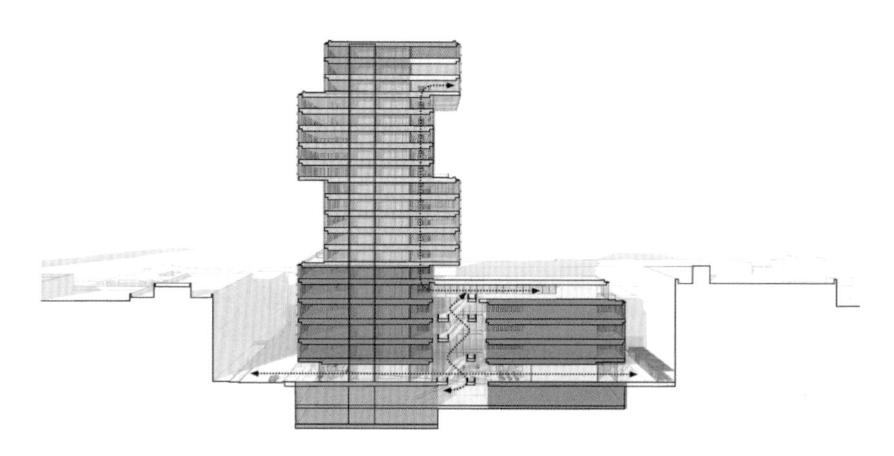

图 14-4 波士顿大学计算与数据科学中心建筑设计剖面图

三层玻璃的窗户系统，可以在冬天保持室内的热量；而建筑物的外部将有固定的阴影，可以在夏季保护建筑物的内部不受阳光的影响，这要归功于百叶窗的对角线和垂直板条。这样，再加上用水代替空气来取暖和冷却的热能系统，将使建筑更加节能。

这栋建筑的一层被提升到卡尔伯格所谓的“弹性的高度”，这意味着这座建筑比附近查尔斯河可能出现的洪水海拔高度还要高出 2 英尺。为了防止海平面上升，这座建筑比城市建议的水位高出 5 英尺。它有一个地下室，因为上面的楼层没有放置机械设备的空间，但是地下室也有能力安装临时防洪设施。

项目通过地源热泵系统实现了 100% 零化石燃料的闭环地热系统，供暖和制冷都靠地热井来完成，100% 不使用化石燃料。波士顿大学计算及数据科学中心不仅是校园里最大的建筑，更是新英格兰地区最绿色节能的建筑。

实际成效

波士顿大学计算及数据科学中心无疑是波士顿大学长达 180 年的校史中最大的一座建筑。这座 19 层楼的建筑总高度达到了 305 英尺，当之无愧地成为了波士顿大学查尔斯河校区的第一高楼，也是校园里最大的教学楼。项目获得了 LEED 白金认证，为波士顿以及其他地区的未来学术建筑树立了一个绝佳的可持续典范，与波士顿大学的气候行动计划同频，其目标是让机构于 2040 年实现零碳排放。

该建筑除 100％不含化石燃料外，还采用了最先进的遮阳设备，三层玻璃窗和更具可持续性的元素。该建筑将利用地下 1500 英尺的地热井，这是一种可持续的自然能源。深层地热井的温和温度，加上最先进的隔热和自然采光，将使这座 34.5 万平方英尺的建筑冬暖夏凉，无需使用化石燃料。

经验启示

本案例介绍了波士顿大学计算及数据科学中心在高效节能设计、智能遮阳系统、防洪与韧性设计、绿色建筑理念以及技术创新与应用等方面的建造经验。它将建筑一层提升至“弹性的高度”，并比城市建议的水位高出更多，以应对海平面上升和洪水风险，展现了建筑在气候变化背景下的韧性设计。地下室具备安装临时防洪设施的能力，增强了建筑在极端天气条件下的生存能力和恢复能力。此外，采用三层中空玻璃窗户系统，有效隔绝室内外温度交换，减少冬季热量散失和夏季热辐射进入，显著降低了建筑能耗。利用地源热泵系统实现 100% 零化石燃料的闭环地热系统，不仅减少了对传统能源的依赖，还大幅降低了温室气体排放。

面对全球气候变化的挑战，该建筑通过提升楼层高度、设置防洪设施等韧性设计措施，有效应对海平面上升和洪水等极端天气事件。这启示未来建筑设计应充分考虑气候变化的影响，增强建筑的适应性和韧性，以保障建筑在极端条件下的安全性和稳定性。

案例三 生态公园式的英国诺丁汉大学朱比丽分校

英国气候变化特征及碳排放现状

2022 年是英国自 1884 年以来最热的一年，比 1991—2020 年的平均水平高出 0.9℃，这是英国年平均气温超过 10℃的第一年。2013—2022 年平均比 1991—2020 年平均水平高 0.3℃，比 1961—1990 年平均气温高 1.1℃（图 14–5）。这是英国 1884 年以来和英格兰中部 1659 年以来温度最高的 10 年。

2020 年英国建筑物行业温室气体排放量为 8460 万吨，比 2000 年下降了 18%；制造和建筑行业温室气体排放量为 2993 万吨，比 2000 年下降了 52%（图 14–6）。

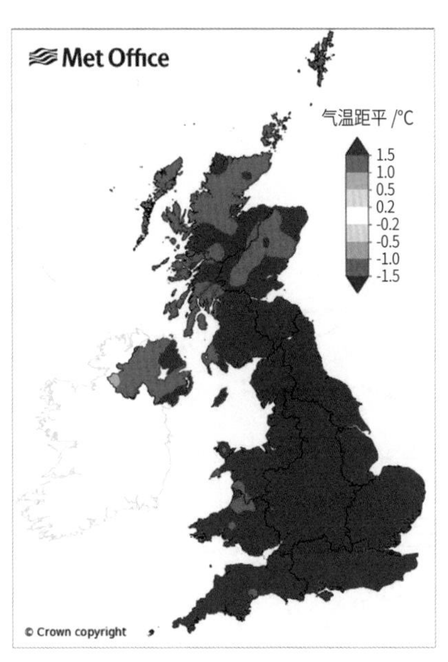

（a）2022 年气温距平
（相对于 1961—1990 年平均值）

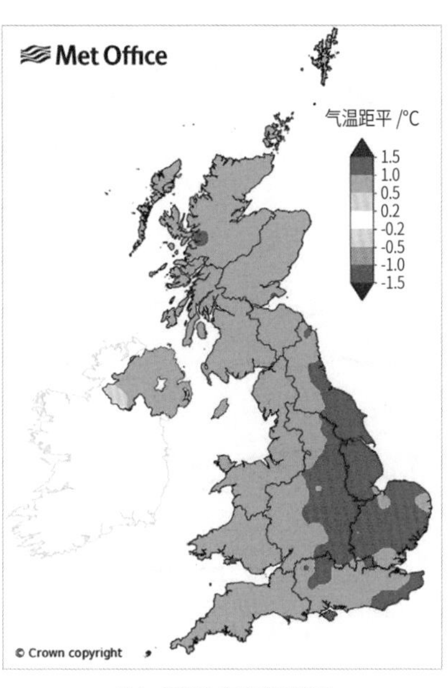

（b）2022 年气温距平
（相对于 1991—2020 年平均值）

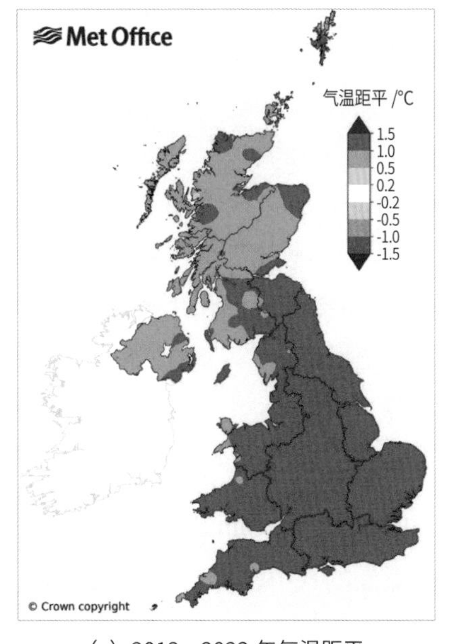

（c）2013—2022 年气温距平
（相对于 1961—1990 年平均值）

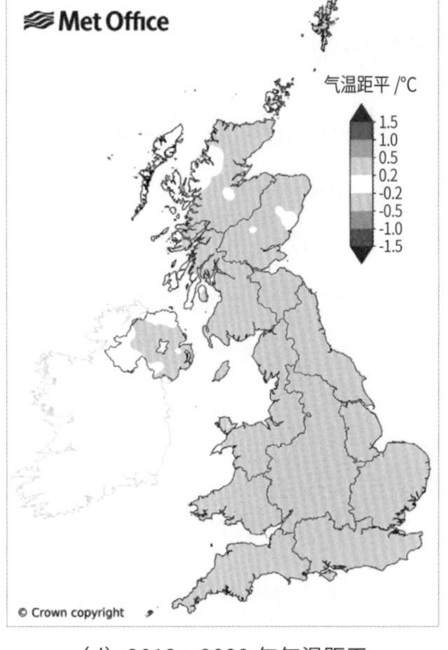

（d）2013—2022 年气温距平
（相对于 1991—2020 年平均值）

图 14-5　英国 2013—2022 年分别相对于 1961—1990 年和 1991—2020 年的平均气温距平

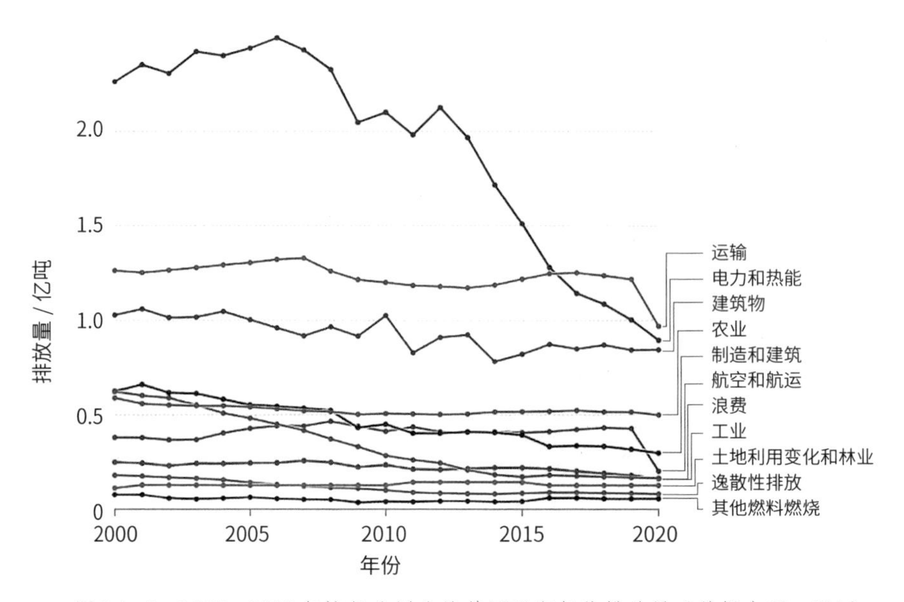

图 14-6 1990—2020 年按行业划分的英国温室气体排放量（数据来源：IEA）

主要做法

英国诺丁汉大学朱比丽（Jubilee）分校位于英国英格兰诺丁汉市沃拉顿路，占地面积 12 万平方米，建筑面积 414.1 万平方米，由英国迈克·霍普金斯建筑师事务所设计。设计师将一废旧的工业用地最终转变成了一个充满自然生机的公园式校园。项目在英国的可持续发展和生态设计概念建筑实例中是具有代表性的，校区总体设计见图 14–7。

通风设计

在面湖立面的地面层设计许多通风百叶，沿着水面的风起冷却的作用，整个气流穿过中庭空间，最后流窜到背湖立面的八个楼梯间，由所谓的“烟囱效应”让“使用过”的气流上升穿过整个圆形，类似烟囱的楼梯间，最

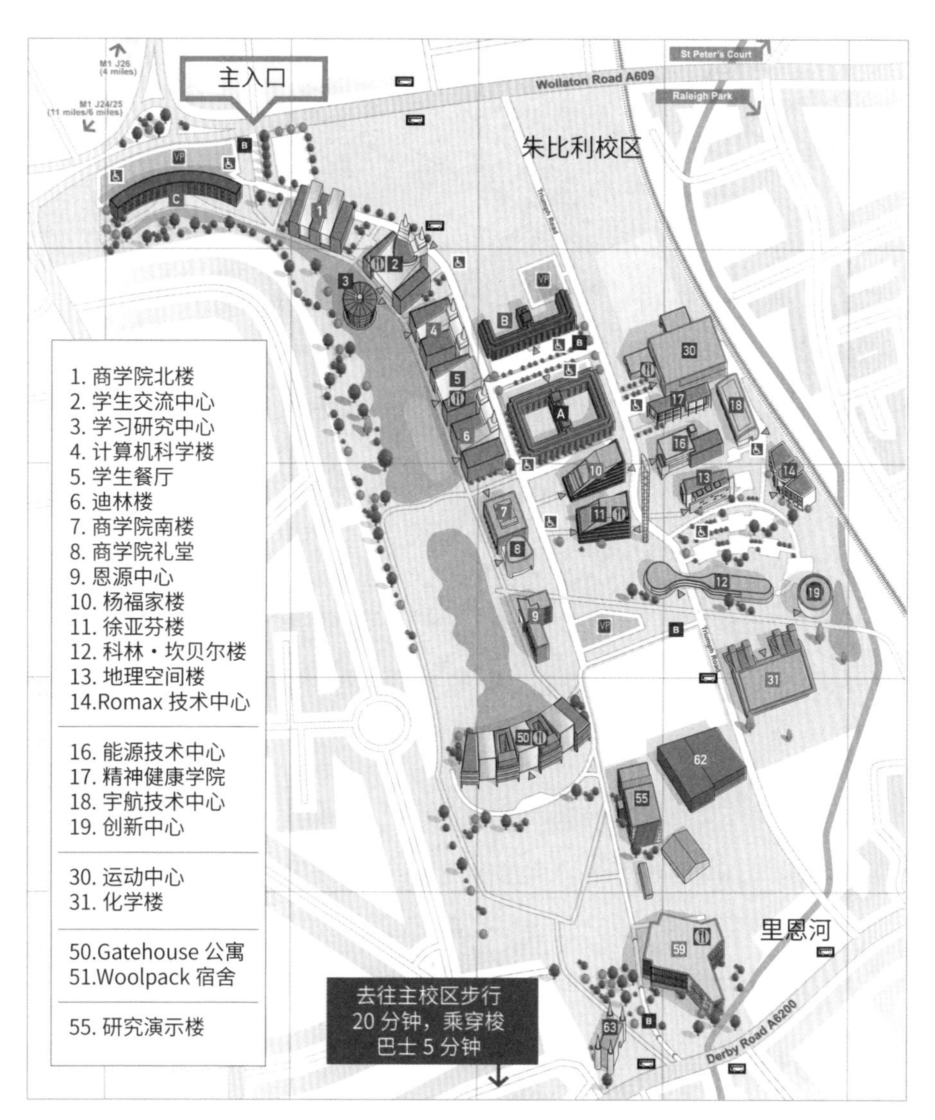

图 14-7　校区总平面图
（图片来源：英国诺丁汉大学朱比丽分校网站）

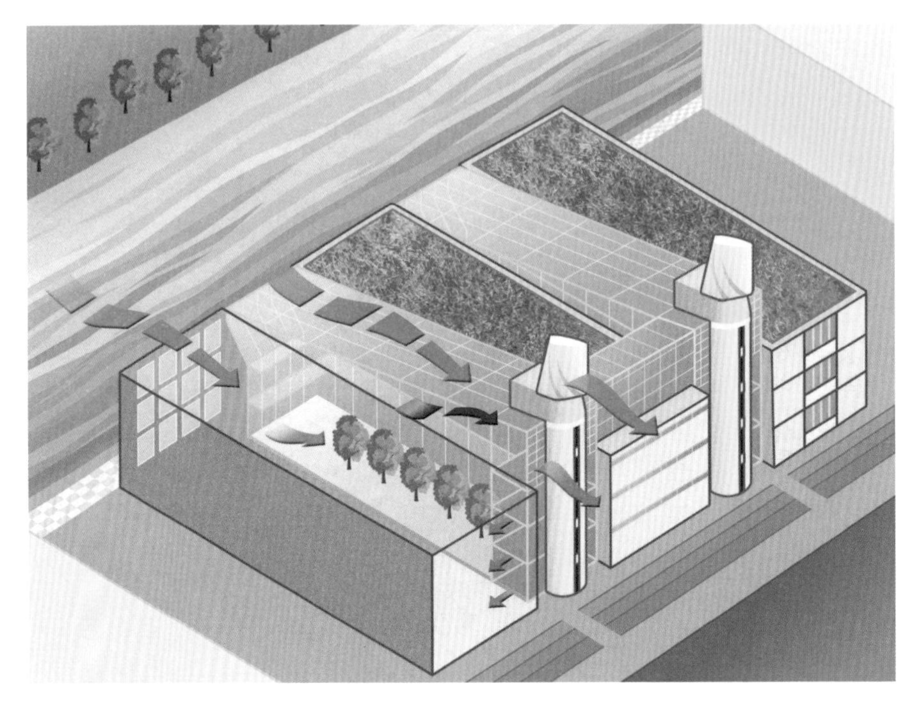

图 14-8　通风示意图

后经由一个 3.5 米高的铝制风杓排放出去，完成整个低耗能、被动式的空气循环动作（图 14-8）。朱比丽校园设计所采用的通风策略可以称作热回收低压机械式自然通风，它是一种混合系统，即在充分利用自然通风的基础上辅以有效的机械通风装置。

遮阳设计

在东、西、南向立面设置了大量木制可动式水平遮阳板，在不阻挡对视线的情况下，达到一定的遮阳效果，将整年的室内温度在不借助空调之下，控制在 30℃下。在太阳日照最大的南向立面设置可电动调整的遮阳棚，以避免太阳直射所造成的高温与眩光。

采光策略

水平木百叶，每片上都被漆成白色增强光线的反射。被动式红外线移动探测器和日照传感器，并由智能照明中央系统统一控制；当教室有人使用时系统就会自动判断是否使用人工照明，从而代替了人工开关；如果室内有足够的自然光线，人工照明就会自动关闭，从而节约能源。

中庭设计

所有的建筑物皆由具玻璃顶盖的中庭所串联，整个中庭可以说是一个小型温室，可以在寒冷的冬天储存适当的太阳热能以达到一定的舒适度，并减少暖气的使用。中庭内种满中型植物，由植物保湿遮阴的特性，自动调节室内温湿度，而且让由靠湖面进气口的冷风在进到室内时有预暖的效果，减少寒冷带来的不适与能源浪费。中庭屋顶玻璃所采用的半透明太阳能光电板每年所产生的电能约 45 000 千瓦时，足以供应建筑物整年的机械通风电能需求，让机械通风耗能不用依赖石化能源（图 14-9）。

图 14-9　校区建筑中庭实景图

大面积人工湖

规划包含多个湖面，主要起缓冲强降雨压力及夏季降温作用。降雨期间水位上升，可支持岸边植被生长，提升排水处理能力和生物多样性。在降雨量增大的情况下，湖面水位达到最高值时，排水系统将多余雨水排至泄洪系统，该泄洪系统与里恩河相连。整个人工湖面被较宽的水坝分割为高湖与低湖两部分，流入低湖的水由水泵泵至高湖。湖底设有与自来水系统相连接的出水孔，干旱季节，在到达最低水位时，出水孔自动出水以维持人工湖的水体景观。人工湖中设有由压缩机操作的曝气器，是水体曝气冲氧的必要设备，能为水中生物提供充足氧气。曝气器的运行时间取决于水藻和水温的监控状况。朱比利校区内除车行道、停车场及人行道外，自行车停放处等其余地面多采用绿地或渗透性铺面，这为雨水向地面快速渗

英国诺丁汉大学朱比丽分校实景图
（图片来源：英国诺丁汉大学网站）

透提供了有利条件。植物景观沿湖边及冲沟边缘设计。每逢秋季，落叶等沤肥后为植物生长提供养分。为改善水质，防止水藻和苔藓的快速生长，种植芦苇植物。当前，水上浮萍已成功种植，提升水体的景观性。水体边缘还种植水生薄荷、沼泽金盏花、水生百荷、芦苇、紫色珍珠菜、黄旗鸢尾等本土植物。

实际成效及推广价值

基于校园使用后的监测，建筑的能耗被估算为 85 千瓦·时 /（米 ^{2}·年），这一数字低于英国建筑能耗指标 ECON19 的自然通风办公建筑的良好标准：112 千瓦·时 /（米 ^{2}·年）。并且校方认为，与主校园相比这一新校园达到了 60% 的节能效果。

英国诺丁汉大学朱比丽分校是对建筑的可持续性与生态综合考虑的大胆尝试，将城市景观环境、建筑与技术有机地结合在一起，创造出了新的建筑形态与环境。另外，可持续性或生态在这里并不只是时髦的词语和概念，它们在建筑上的实现是建立在强有力的技术、研究与资金支持上的；是严谨的科学与建筑师创造力结合的产物；而且走向真正的可持续性和生态建筑的实践，是一个不断总结、学习的过程。朱比利校区的成功取决于其可持续排水设计理念：为雨水及冷却水的排放配置充足的存放空间，包括冲沟、人工湖和泄洪系统；除停车场、车行道及人行道外，其余地面采用绿地或渗透性铺面，使雨水向地面的渗透性加大；种植景观性较强并有清洁作用的外来及本土植物，以保持水体的景观性。

参考文献

陈硕，2010. 世博会伦敦案例零碳馆——应对气候变化的城市策略 [J]. 南方建筑 (5):38–41.
陈卓伦，2010. 绿化体系对湿热地区建筑组团室外热环境影响研究 [D]. 广州：华南理工大学.
程炳岩，张天宇，李永华，等，2019. 重庆气候变化评估报告 [M]. 北京：气象出版社.
重庆市气象局，2021. 重庆市气候图集 [M]. 北京：气象出版社.
村上周三，2007. CFD 与建筑环境设计 [M]. 北京：中国建筑工业出版社.
丁建斌，2010. 中国零碳建筑的一次伟大实践——介绍 2010 年上海世博会伦敦案例零碳馆 [J]. 住宅科技，30(11):1–4.
窦强，2004. 生态校园——英国诺丁汉大学朱比丽分校 [J]. 世界建筑 (8):64–69.
高国栋，1996. 气候学教程 [M]. 北京：气象出版社：547 - 563.
郭军，李明财，刘德义，2009. 近 40 年来城市化对天津地区气温的影响 [J]. 生态环境学报，18(1): 29 - 34.
胡建雄，2019. 广州市城市热岛效应时空分布及其归因死亡风险研究 [D]. 广州：广东药科大学.
季崇萍，刘伟东，轩春怡，2006. 北京城市化进程对城市热岛的影响研究 [J]. 地球物理学报，49(1): 69 - 77.
李婧，2023. 超高层建筑的绿色低碳融合设计策略研究 [J]. 土木工程，12(4): 527–535.
李明财，熊明明，任雨，等，2013. 未来气候变化对天津市办公建筑制冷采暖能耗的影响 [J]. 气候变化研究进展，9(6): 398–405.
李艳，王元，储惠芸，等，2008. 中国陆域近地层风能资源的气候变异和下垫面人为改变的影响 [J]. 科学通报，53(21): 2646–2653.
刘大龙，刘加平，杨柳，2013. 气候变化下我国建筑能耗演化规律研究 [J]. 太阳能学报，34(03): 439–444.
刘加平，2010. 建筑物理（第四版）[M]. 北京：中国建筑工业出版社.
刘加平，梁斌，何文芳，2003. 专访刘加平：新地域绿色建筑 [J]. 当代建筑（2）: 6–9.
刘剑，2020. 基于案例分析的低碳建筑特征及其实施策略研究 [J]. 建筑节能，48(2):39–42+57.
刘伟东，张本志，尤焕苓，等，2014. 1978—2008 年城市化对北京地区气温变化影响的初步分析 [J]. 气象，40(1): 94 - 100.
刘志超，孙智辉，雷延鹏，等，2010. 延安地区近 50 年气候变化的特征分析 [J]. 陕西气象，(1):18–22.
陆大道，2015. 京津冀城市群功能定位及协同发展 [J]. 地理科学进展，34: 265 - 270.
孟凡超，黄鹤，郭军，等，2020a. 天津城市热岛强度的精细化时空分布特征研究 [J]. 生态环境学报，29(9): 1822 - 1829.
孟凡超，任国玉，郭军，等，2020b. 城市热岛对天津市居住建筑供暖制冷负荷的影响 [J]. 地理科学进展，39(8): 1296 - 1307.
宋春蕊，2023. 深圳市城市空间结构及其对城市热岛的影响 [D]. 大连：辽宁师范大学.
孙奕敏，边海，1988. 天津市城市热岛效应的综合性研究 [J]. 气象学报，(3): 87 - 94.
唐国利，任国玉，2005. 近百年中国地表气温变化趋势的再分析 [J]. 气候与环境研究，10(4):791–798.

王会军，范可，2013. 东亚季风近几十年的主要变化特征 [J]. 大气科学，37(2)：313–318.
王娟，2024. 绿色理念在建筑施工技术的应用现状和未来发展趋势 [J]. 工程机械与维修 (04)：200–202.
王清勤，韩继红，梁浩，等，2021. 绿色建筑标准体系构建和性能提升技术研究及应用 [J]. 建设科技 (13)：20–23.
王卓妮，袁佳双，庞博，等，2022. IPCC AR6 WGIII 报告减缓主要结论、亮点和启示 [J]. 气候变化研究进展，18(5)：531–537.
吴羽柔，张双璐，江练鑫，2021. 我国建筑碳排放现状及碳中和路径探讨 [J]. 重庆建筑（S1）：66–68.
谢庄，崔继良，陈大刚，等，2006. 北京城市热岛效应的昼夜变化特征分析 [J]. 气候与环境研究，11(1)：69 – 75.
邢佩，杨若子，杜吴鹏，等，2020. 1961—2017 年华北地区高温日数及高温热浪时空变化特征 [J]. 地理科学，40(8)：1365–1376.
休・罗芙，戴维・克莱顿，弗格斯・尼克尔，等，2015. 适应气候变化的城市与建筑：21 世纪的生存指南（原著第 2 版）[M]. 北京：中国建筑工业出版社 .
徐祥德，汤绪，2002. 城市化环境气象学引论 [M]. 北京：气象出版社：62 – 77.
许馨尹，李红莲，杨柳，等 . 2018. 气候变化下的建筑能耗预 [J]. 太阳能学报，39(05)：1359–1366.
轩春怡，2011. 城市水体布局变化对局地大气环境的影响效应研究 [D]. 兰州：兰州大学 .
杨柳，刘加平 . 2021. 黄土高原窑洞民居的传承与再生 [J]. 建筑遗产 (2)：22–31.
杨斯慧，2022. 城镇化对民用建筑碳排放的影响效应研究 [D]. 北京：北京交通大学 .
杨小山，2009. 广州地区微尺度室外热环境测试研究 [D]. 广州：华南理工大学 .
杨小山，2012. 室外微气候对建筑空调能耗影响的模拟方法研究 [D]. 广州：华南理工大学 .
杨小山，姚灵烨，金涛，等，2019. 南京夏季城市局地气温时空变化特征 [J]. 土木与环境工程学报（中英文），41(1)：160–167.
原境彪，2021. 碳达峰背景下城镇居住建筑碳排放目标确定研究 [D]. 北京：北京交通大学 .
张雷，任国玉，刘江，等，2011. 城市化对北京气象站极端气温指数趋势变化的影响 [J]. 地球物理学报，54(5)：1150 – 1159.
章莉，詹庆明，蓝玉良，2019. 基于微气候模拟的武汉居住小区植被降温通风效应研究 [J]. 中国园林，35(3)：92 – 96.
赵文宇，2023. 我国建筑碳排放演变特征及影响因素分析 . 北京：北京交通大学 .
赵宗慈，罗勇，黄建斌，2012. 城市热岛对未来气候变化有影响吗？[J]. 气候变化研究进展，8(6)：469 – 472.
赵宗慈，罗勇，江滢，等，2016. 近 50 年中国风速减小的可能原因 [J]. 气象科技进展，3 (4)：106–109.
郑祚芳，刘伟东，王迎春，2006. 北京地区城市热岛的时空分布特征 [J]. 南京气象学院学报，29(5)：694 – 699.
《中国国家地理地图》编委会，2018. 中国国家地理地图 (第二版)[M]. 北京：中国大百科全书出版社 .
中国气象局气候变化中心，2023. 中国气候变化蓝皮书 2024[M]. 北京：科学出版社 .
中华人民共和国住房和城乡建设部，中华人民共和国国家质量监督检验检疫总局，2016. 民用建筑热工设计规范：GB 50176—2016[S]. 北京：中国标准出版社 .
朱英，2024. 建筑节能设计研究 [J]. 江苏建材 (01)：71–73.

BAI L J, WANG S S, 2019. Definition of new thermal climate zones for building energy efficiency response to the climate change during the past decades in China[J]. Energy, 170: 709-719.

CHEN S, LEVINE M D, LI H, et al, 2012. Measured air tightness performance of residential buildings in North China and its influence on district space heating energy use [J]. Energy and Buildings, 51:157-164.

CHEN Y, LI M, XIONG M, et al. 2018. Future climate change on energy consumption of office buildings in different climate zones of China [J]. Polish Journal of Environmental Studies, 27(1): 45-53.

CHEN Y, ZHAI P M, 2017. Revisiting summertime hot extremes in China during 1961—2015: Overlooked compound extremes and significant changes [J]. Geophys Res Lett, 44(10): 5096-5103.

CIANCIO V, SALATA F, FALASCA S, et al. 2020. Energy demands of buildings in the framework of climate change: An investigation across Europe [J]. Sustainable Cities and Society, 60:102213.

COLEY D, KERSHAW T. 2010. Changes in internal temperatures within the built environment as a response to a changing climate [J]. Building and Environment, 45(1): 89-93.

CRICHTON D, 1999. The risk triangle[Z]. Natural Disaster Management, Tudor Rose, London, 102-103.

D'AGOSTINO D, PARKER D, 2018. A framework for the cost-optimal design of nearly zero energy buildings (NZEBs) in representative climates across Europe [J]. Energy, 149:814-829.

DOLINAR M, VIDRIH B, KAJFEZ L B, et al, 2010. Predicted changes in energy demands for heating and cooling due to climate change [J]. Physics and Chemistry of the Earth, Parts A/B/C, 35: 100-106.

FAO, IFAD, UNICEF, et al, 2023. The state of food security and nutrition in the world 2023[M]// Urbanization, agrifood systems transformation and healthy diets across the rural-urban continuum. Rome: FAO.

GUAN L. 2009. Preparation of future weather data to study the impact of climate change on buildings [J]. Building and Environment, 44(4): 793-800.

IPCC, 2021. Climate change 2021: The physical science basis. Contribution of working group I to the sixth assessment report of the intergovernmental panel on climate change[R]. United Kingdom and New York: Cambridge University Press.

IPCC, 2022. Climate change 2022: Impacts, adaptation, and vulnerability. Contribution of working group II to the sixth assessment report of the intergovernmental panel on climate change[R]. United Kingdom and New York: Cambridge University Press.

JAIN P, BARBER Q, TAYLOR S, et al, 2024. Canada under fire - drivers and impacts of the record-breaking 2023 wildfire season[R]. Natural Resources Canada (NRCan).

JAVIER M R H, SERGIO L G, JULIO F S, et al. 2019. Smart energy management of combined ventilation systems in a nZEB [J]. E3S Web of Conferences, 111: 01050.

JIANG Y, LUO Y, ZHAO Z C, et al, 2010. Projections of wind changes for 21st century in China by three regional climate models [J]. Chin Geogra Sci, 20(3): 226-235.

LARSEN M A D, PETROVIĆ S, RADOSZYNSKI A M, et al, 2020. Climate change impacts on trends and extremes in future heating and cooling demands over Europe[J]. Energy and Buildings, 226: 110397.

LEE H, MAYER H, CHEN L, 2016. Contribution of trees and grasslands to the mitigation of human heat stress in a residential district of Freiburg, Southwest Germany [J]. Landscape and Urban Planning, 148: 37–50.

LI D H W, YANG L, LAM J C, 2012. Impact of climate change on energy use in the built environment in different climate zones - a review [J]. Energy, 42 (1): 103–112.

LI M C, CAO J F, GUO J, et al. 2016. Response of energy consumption for building heating to climatic change and variability in Tianjin City, China [J]. Meteorological Applications, 23(1): 123-131.

LI M C, CAO J F, XIONG M M, et al. 2018. Different responses of cooling energy consumption in office buildings to climatic change in major climate zones of China [J]. Energy and Buildings, 173:38-44.

LI M C, GUO J, TIAN Z, et al. 2014. Future climate change and building energy demand in Tianjin, China [J]. Building Services Engineering Research & Technology, 35(4): 362-375.

LI M, CAO J, XIONG M, et al, 2018. Different responses of cooling energy consumption in office buildings to climatic change in major climate zones of China[J]. Energy and Buildings, 173, 38-44.

LI X M, ZHOU Y Y, YU S, et al. 2019. Urban heat island impacts on building energy consumption: A review of approaches and findings [J]. Energy, 174: 407-419.

LIN C, YANG K, QIN J, et al, 2013. Observed coherent trends of surface and upper-air wind speed over China since 1960 [J]. J Climate, 26(9): 2891-2903.

LIU L, LIN Y Y, WANG L N, et al, 2017. An integrated local climatic evaluation system for green sustainable eco-city construction: a case study in Shenzhen, China [J]. Building and Environment, 114: 82–95.

LIU Y, WEN Z, LYU K, et al, 2023. Introducing degree days to building thermal climatic zoning in China [J]. Journal of Thermal Science, 32(3): 1155-1170.

LIU Z, LIU Y, HE B J, et al, 2019. Application and suitability analysis of the key technologies in nearly zero energy buildings in China [J]. Renewable and Sustainable Energy Reviews, 101:329-345.

LUO M, LAU N, et al, 2021. Increasing human - perceived heat stress risks exacerbated by urbanization in China: A comparative study based on multiple metrics[J]. Earth's Future, 9(7).

MAHMOUD A H A, 2011. An analysis of bioclimatic zones and implications for design of outdoor built environments in Egypt [J]. Building and Environment, 46(3): 605-620.

MANOLI G, FATICHI S, SCHLÄPFER M, et al, 2019. Magnitude of urban heat islands largely explained by climate and population [J]. Nature, 573: 55-60

MASSARO E, SCHIFANELLA R, PICCARDO M, et al, 2023. Spatially-optimized urban greening for reduction of population exposure to land surface temperature extremes[J]. Nature Communications, 14: 2903.

MENDOZA D L, BIANCHI C, THOMAS J, et al, 2020. Modeling county-level energy demands for commercial buildings due to climate variability with prototype building simulations [J]. World, 1(2): 67-89.

MENG F C, ZHANG L, REN G Y, et al, 2023. Impacts of UHI on variations in cooling loads in buildings during heatwaves: A case study of Beijing and Tianjin, China [J]. Energy, 273: 127189

MORAKINYO T E, REN C, SHI Y, et al, 2019. Estimates of the impact of extreme heat events on cooling energy demand in Hong Kong [J]. Renewable Energy, 142: 73-84.

MORAL F J, PULIDO E, RUÍZ A, et al, 2017. Climatic zoning for the calculation of the thermal demand of buildings in Extremadura (Spain) [J]. Theoretical and Applied Climatology, 129: 881–889.

NOAA, 2023. Topping the charts: September 2023 was Earth's warmest September in 174-year record[EB/OL].(2023-10-13)[2024-7-20]. https://www.noaa.gov/news/topping-charts-september-2023-was-earths-warmest-september-in-174-year-record

PÉREZ-LOMBARD L, ORTIZ J, POUT C, 2008. A review on buildings energy consumption information [J]. Energy and Buildings, 40(3): 394-398.

RAKOTO-JOSEPH O, GARDE F, DAVID M, et al, 2009. Development of climatic zones and passive solar design in Madagascar [J]. Energy Conversion and Management, 50 (4): 1004–1010.

REN G Y, ZHOU Y Q, 2014. Urbanization effect on trends of extreme temperature indices of national stations over mainland China, 1961-2008 [J]. Journal of Climate, 27(6): 2340–2360.

SALATA F, FALASCA S, CIANCIO V, et al, 2022. Estimating building cooling energy demand through the Cooling Degree Hours in a changing climate: A modeling study [J]. Sustainable Cities and Society, 76: 103518.

SANTAMOURIS M, 2014. On the energy impact of urban heat island and global warming on buildings [J]. Energy and Buildings, 82: 100–113.

SANTAMOURIS M, 2020. Recent progress on urban overheating and heat island research. Integrated assessment of the energy, environmental, vulnerability and health impact. Synergies with the global climate change [J]. Energy Build, 207: 109482.

SELIEM K, SULLENS W, 2020. Building Exteriors Enhance Resilience Against Extreme Weather[EB/OL].(2020-04-17)[2024-07-20]. https://www.facilitiesnet.com/facilitiesmanagement/article/Building-Exteriors-Enhance-Resilience-Against-Extreme-Weather--18868.

SHEN P, ZHAO S Q, 2024. Intensifying urban imprint on land surface warming: insights from local to global scale [J]. iScience, 27(3): 109110.

SHEN P, ZHAO S Q, MA Y J, et al, 2023. Urbanization-induced Earth's surface energy alteration and warming: A global spatiotemporal analysis [J]. Remote Sensing of Environment, 284:113361.

SUCHUL K, ELTAHIR E A B, 2018. North China Plain threatened by deadly heatwaves due to climate change and irrigation[J]. Nature Communications, 9(1): 2894.

SUN Y, ZHANG X, DING Y, et al, 2021. Understanding human influence on climate change in China[J]. National Science Review, 2022(3):128-143.

SUN Y, ZHANG X, REN G, et al, 2016. Contribution of urbanization to warming in China[J]. Nature Climate Change, 6, 706–709.

UNEP, 2023. Nations must go further than current Paris pledges or face global warming of 2.5-2.9 ℃. [EB/OL].(2023-11-20)[2024-07-20]. https://www.unep.org/news-and-stories/press-release/nations-must-go-further-current-paris-pledges-or-face-global-warming

VERICHEV K, CARPIO M, 2018. Climatic zoning for building construction in a temperate climate of Chile [J]. Sustainable Cities and Society, 40: 352–364.

WALSH A, COSTOLA D, LABAKI L C, 2017. Comparison of three climatic zoning methodologies for building energy efficiency applications [J]. Energy and Buildings, 146: 111–121.

WALSH A, COSTOLA D, LABAKI L C, 2018. Performance-based validation of climatic zoning for building energy efficiency applications [J]. Applied Energy, 212: 416–427.

WANG J, CHEN Y, LIAO W, el al, 2021. Anthropogenic emissions and urbanization increase risk of compound hot extremes in cities[J]. Nature Climate Change , 11: 1084–1089.

WANG Y J, WANG A Q, ZHAI J Q, et al, 2019. Tens of thousands additional deaths annually in cities of China between 1.5 ℃ and 2.0 ℃ warming [J]. Nature Communications, 10(1): 3376.

WILDE P D, COLEY D. 2012. The implications of a changing climate for buildings [J]. Building and Environment, 55(Sep): 1-7.

WILSON M B, LUCK R, MAGO P J, 2015. A first-order study of reduced energy consumption via increased thermal capacitance with thermal storage management in a micro-building [J]. Energies, 8(10): 12266-12282.

WMO, 2024. State of the Global Climate 2023[EB/OL].(2024-03-19)[2024-07-20]. https://wmo.int/publication-series/state-of-global-climate-2023

XIONG J, YAO R M, GRIMMOND S, et al, 2019. A hierarchical climatic zoning method for energy efficient building design applied in the region with diverse climate characteristics [J]. Energy and Buildings, 186: 355–367.

XU W H, LI Q X, JONES P, et al, 2018. A new integrated and homogenized global monthly land surface air temperature dataset for the period since 1900[J]. Climate Dynamics, 50:2513-2536.

YANG L, LAM J C, TSANG C L, 2008. Energy performance of building envelopes in different climate zones in China [J]. Applied Energy, 85(9): 800-817.

YIN J, GENTINE P, SLATER L, et al, 2023. Future socio-ecosystem productivity threatened by compound drought–heatwave events[J]. Nature Sustainability, 6:259–272.

ZHANG B C, CHEN H Q, LU B, 2023. An Early Warning System for Heatwave-Induced Health Risks in China: A Sub-Seasonal to Seasonal Perspective - China, 2022[J]. China CDC Weekly, 5(29): 647-650.

ZHANG Y, MOGES S, BLOCK P, 2016. Optimal cluster analysis for objective regionalization of seasonal precipitation in regions of high spatial-temporal variability: application to western Ethiopia [J]. Journal of Climate, 29(10): 3697–3717.

ZHENG X, ZHU J J, 2015. A new climatic classification of afforestation in Three-North regions of China with multi-source remote sensing data[J]. Theoretical and Applied Climatology [J]. 127: 1–16.

ZHOU D C, XIAO J F, FROLKING S, et al, 2022. Urbanization contributes little to global warming but substantially intensifies local and regional land surface warming[J]. Earth' s Future, 10(5): e2021EF002401[2021-07-20]. https://doi.org/10.1029/2021EF002401.
ZHOU D C, ZHAO S Q, LIU S G, et al, 2014. Surface urban heat island in China's 32 major cities: Spatial patterns and drivers [J]. Remote Sensing of Environment, 152, 51-61.
ZHOU Y, EOM J, CLARKE L, 2013. The effect of global climate change, population distribution, and climate mitigation on building energy use in the U.S. and China[J]. Climatic Change, 119: 979–992.